科学出版社"十三五"普通高等教育本科规划教材

人 文 数 学

高 夯 编著

科学出版社

北 京

内 容 简 介

本书以初等数学、少量高等数学里陈述性知识为主体内容，在内容上，选取了初高中学生已有一定了解的数学知识，如数系、函数、图形、运算、模型等，作者从这些学生可能表面上知道但深层挖掘却又不明白的问题入手，利用这些基础知识勾勒出数学的概貌，让学生对数学学习不恐惧且容易接受，激发学生对数学学习的兴趣. 本书有与之配套的视频资源，扫描书中二维码即可进行相关内容的学习.

本书以大学人文专业(主要是文史哲专业)学生为主要读者对象，也可以作为数学爱好者的科普读物和中小学教师的培训教材.

图书在版编目(CIP)数据

人文数学/高夯编著. —北京：科学出版社，2021.3
科学出版社"十三五"普通高等教育本科规划教材
ISBN 978-7-03-068355-7

I.①人… Ⅱ.①高… Ⅲ.①高等数学-高等学校-教材 Ⅳ.①O1

中国版本图书馆 CIP 数据核字(2021) 第 044932 号

责任编辑：张中兴 梁 清 孙翠勤 / 责任校对：张小霞
责任印制：赵 博 / 封面设计：蓝正设计

科 学 出 版 社 出版
北京东黄城根北街 16 号
邮政编码：100717
http://www.sciencep.com
固安县铭成印刷有限公司印刷
科学出版社发行 各地新华书店经销
*
2021 年 3 月第 一 版 开本：720×1000 1/16
2025 年 4 月第 六 次印刷 印张：13 1/2
字数：272 000
定价：49.00 元
(如有印装质量问题，我社负责调换)

前　言

　　在多年的教学工作中，笔者一直思考一个问题：大学培养出来的学生应该是什么样的？经过多年思考，我的回答是：大学生应该是具有很强的专业能力与很高的综合素质的人.

　　专业能力是一个人将来从事专业工作所需要的，综合素质是一个人作为一个社会的人所需要的. 并且作为一个生活在社会中的人，很高的综合素质显得更为重要.

　　那么，怎样才算是具有很高综合素质的人呢？

　　一个具有很高综合素质的人应该具有科学的精神、人文的素养与艺术的欣赏力.

　　人类对科学精神的追求体现在诸多方面，非严格说来，它可以包含以下内容：

　　科学须正确反映客观现实，实事求是，科学精神就是要克服主观臆断；

　　科学不停留在定性描述层面上，确定性或精确性是科学的显著特征之一，科学活动须从经验认识层次上升到理论认识层次，科学精神就是要坚持理性原则；

　　科学的实践活动是检验科学理论真理性的唯一标准，科学精神就是要勇于维护真理，反对权威、独断、虚伪和谬误.

　　简而言之，科学精神就是实事求是、求真务实、开拓创新的理性精神.

　　基于三十多年的数学教学与数学研究经历，笔者认为数学在形成人的理性思维、科学精神和促进个人智力发展的过程中发挥着独特的、不可替代的作用.

数学素养是现代社会每一个公民应该具备的基本素养.

那么, 如何培养一个人的数学素养呢? 这就不得不提到数学教育. 数学教育承载着立德树人的育人功能, 它不仅能帮助学生掌握现代生活和学习所必需的数学知识、数学技能、数学思想和方法, 更发挥着数学在培养人思维能力、创新意识以及形成正确世界观方面的特有作用, 有利于促进学生全面发展.

但是, 数学的高度抽象性使数学的学习不是那么容易, 一些人 (包括大学文科学生) 对数学有一些恐惧与排斥. 正是为了解决这一问题, 作为一名教师, 笔者愿意为文科学生编写一本易学易懂的人文数学教材, 旨在帮助学生通过学习一些数学知识, 了解数学的概貌, 培养学生的科学精神与理性思维.

如何使更多的人了解数学, 并喜欢数学呢? 首先, 应该让更多的人接受数学. 因此, 本教材的特点之一是从内容选取上遵守可接受性原则 —— 要让读者对学习的内容不恐惧. 为此, 本教材选择了学生有一定了解的数学知识, 比如数系、函数、图形、运算、模型等内容, 一方面, 笔者利用这些内容勾勒出数学的轮廓, 另一方面, 对于这些内容学生不会过度陌生. 这些知识是学生可能表面上知道, 但深层挖掘却没有明白的问题. 这种似会而非会的问题更能引起学生的学习兴趣.

笔者在高校从事教学工作三十余年, 在这么多年的教学中深深地体会到: 培养学生最重要的一环是发展学生的思维能力.

本教材的另一特点是注重数学的人文性 —— 围绕提高学生理性思维与科学精神的课程目标, 培养读者言之有据的语言习惯与逻辑表达的能力.

为此, 本教材注重陈述性知识 (“是什么” 的知识), 特别注重数学的概念. 概念常常是从具体的事物中抽象出来的最本质的属性, 学生将概念在头脑中形成的过程, 是一直进行着的深刻的思维活动, 从而形成了认识, 进而获得了知识. 这也是人的思维能力发展的一个重要过程.

人的思维能力发展的另一方面是推理能力, 推理能力包括归纳推理与演绎推理. 半个多世纪前, 爱因斯坦在给 J.S. 斯威策的一封信中写到: “西方科学的发展是以两个伟大成就为基础的, 那就是: 希腊哲学家发明的形式逻辑体系 (在欧几里得几何学中)，以及通过系统的实验发现有可能找出的因果关系 (在文艺复兴时期)". 在 20 世纪初，我国一批探索科学救国道路的学者 (如梁启超、王国维等人) 积极引进并传播西方逻辑学. 他们认为要把科学的旗帜插在中国的大地上，就必须坚持 "推求真理、服从真理" 的原则，而逻辑学是推求真理不可缺少的工具，是批判性思维的基础. 基于此认识，本教材设置了推理的章节，以数学为工具介绍逻辑学的基本内容.

近几年，笔者在思考：是否学了逻辑学，学生就能有严密的逻辑思维能力呢？通过观察和教学实验活动，笔者进一步地认识到：逻辑思维能力绝不是通过逻辑学课程便轻易地培养出来的，而应该是通过一系列问题 (例如，具体的数学问题) 的深刻思考养成的.

本教材第三个特点是将数学与人文社会学科建立起联系. 笔者考虑到读者是人文学科的学生，力图通过本教材的学习使读者能够建立起数学与其所学专业之间的联系，特别是能够借助数学的思想方法，讨论自身专业的问题，更期望通过本课程的学习，学生能够使用数学的思想方法与工具，去解决所学专业的问题.

本教材在编写过程中，得到了东北师范大学教务处、研究生院、数学与统计学院的大力支持，他们不仅给予笔者精神上的鼓励，还用立项方式给予了经费的支持. 感谢东北师范大学张庆成教授、衣学喜教授、徐英祥教授、马研生教授、付治国教授给予热情的帮助，也感谢苑津山、姜天卓、李丹等同学给予的热情帮助. 同时感谢国内的一些学者给予笔者一些很好的建议. 感谢科学出版社将此教材列为出版社 "十三五" 规划教材项目，特别感谢张中兴编辑、梁清编辑为本书付出的辛勤劳动. 本教材在东北师范大学试讲多次，并在讲授过程中不断地修订完善，加入了对应的数字化资源，才以今天的面貌问世. 在此，对给予帮助的诸位朋友一并致以衷心的感谢.

高　夯

2020 年元旦

目 录

第一章 绪论——数学是什么

带着下面的问题我们进入本章.

1. 数学究竟是什么?

2. 数学与其他学科的关系是什么?

3. 为什么要学习数学呢?

4. 人文专业的学生学习数学, 重点是学什么?

"数学是什么？" 这是我们十分关心的问题.

数学是研究数量关系和空间形式的科学. 数学源于对现实世界的抽象, 基于抽象结构, 运用符号运算、形式推理、模型构建等, 表达现实世界中事物的本质、关系和规律.

数学与人类生活和社会发展紧密关联.

数学不仅是运算和推理的工具, 还是表达和交流的语言. 数学承载着思想和文化, 是人类文明的重要组成部分.

数学是自然科学的重要基础, 并且在社会科学中发挥着越来越大的作用, 数学的应用已渗透到现代社会及人们日常生活的各个方面.

随着现代科学技术和计算机科学的迅猛发展, 人们获取数据和处理数据的能力都得到了大幅增强, 特别是伴随着大数据时代的到来, 数学的研究领域与应用领域都得到了极大拓展. 数学直接为社会创造价值, 推动社会生产力的发展.

数学与科学的价值

同时, 数学教育承载着立德树人的育人功能, 它不仅能帮助学生掌握现代生活和学习所必需的数学知识、技能、思想和方法, 更发挥着数学在培养人的逻辑思维能力、创新意识以及形成正确世界观方面的特有作用, 有利于促进学生全面发展.

数学与教育的价值

1.1　数学与科学

数学与科学

英文 "science"(科学) 一词源于拉丁文 scientia, 其原意是 "知识""学问", 这是 "科学" 一词最基本也最简单的含义. 这个词初次传入我国时被译成 "格物致知", 即可认为科学是通过 "推究事物的原理规则而获得的理性知识", 是有关一定对象和事实的规律性认识. 而汉语的 "科学" 一词, 则直到 19 世纪末, 康有为和严复等人在译介国外相关书籍时, 才首先使用起来. 在《现代汉语词典》中, "科学" 的定义是: 反映自然、社会、思维等的客观规律的分科的知识体系.

科学是一种复杂的社会现象, 要给出一个精致而完整的定义是十分困难的. 科学有若干种解释, 每一种解释都反映出科学在某一方面的本质特征. 同时, 随着社会和科学本身的发展, 科学在不同的时期、不同的场合有不同的意义.

以下谈到的科学是指自然科学, 我们来讨论数学与自然科学的同异之处.

数学与科学有如下的相同之处:

—— **客观性.** 数学与科学所表述的结论与表述者无关, 不因表述者的不同而出现表述结论不同的现象. 例如,

地球围绕太阳转动;

每天早晨, 太阳从东方升起;

力有大小、方向、作用点;

原子由原子核与核外电子组成;

圆是平面上到定点保持定长的动点轨迹.

科学中的这些结论都真实地揭示了自然现象, 是人们公认的事实; 数学中关于圆的这一结论, 也是人们都认可的对圆的一种刻画.

—— **系统性.** 自然科学都有人们公认的知识体系.

物理学包括了力学、热学、电学、光学和原子核物理等;

化学包括了有机化学、无机化学、分析化学、高分子化学等;

······

数学是以代数学、分析学、几何学为主干, 以众多数学分支为枝干形成的树状的知识系统, 并且在不断发展.

—— **命题真伪的可确定性.** 在自然科学中, 在一定的条件下, 发生的现象是一定的.

例如, 一个物体, 在没有外力的作用下, 始终保持静止或匀速直线运动的状态;

碳在氧气中完全燃烧, 生成二氧化碳.

这些结论是必然的.

在数学学科中, 在一定的条件下, 得到的结论是确定的.

例如, 在欧氏空间内, 三角形三内角和是 180 度;

任意一个大于等于 2 的正整数, 如果不是质数, 都能分解成一些质因数乘积的形式.

特别地, 在数学中有一个著名的定理 —— 不完全性定理: 任意一个包含一阶谓词逻辑与初等数论的形式系统, 都存在一个命题, 它在这个系统中既不能

被证明为真, 也不能被证明为伪.

尽管在这个定理中说: 存在这样的命题, 不可证明其成立与否, 但不完全性定理的结论是确定性的.

—— **结论是可重复证明的.** 在自然科学中, 某一结论不能被重复证明, 就不是科学的结论.

在科学发展史上, 可以举出一批这样的例子, 某人发现了一个新的现象, 或产生出某一新的成果, 在同行的追问下, 又宣布这一新的现象 (或成果) 不存在.

在数学学科中也是如此. 任何人得到的数学结论都要经受起同行的推敲.

数学史上曾经有多人宣布证明了费马大定理, 但很快承认证明是有漏洞的. 最终费马大定理在 1994 年被英国数学家安德鲁·怀尔斯证明, 并得到同行的承认.

数学与科学也有如下一些不同之处:

—— **研究的对象不同.** 自然科学研究的对象是现实世界中实实在在存在的事物.

物理学研究的是现实世界中物质结构和相互作用及其运动的基本规律; 化学研究的是现实世界中物质的组成、结构、性质及变化规律; 生命科学研究的是现实世界中生命现象、生命活动的本质特征和发生发展规律. 自然科学中的其他学科研究的对象都是现实世界的某些事物, 无一例外.

数学学科则不然. 数学研究的是抽象的概念、抽象的关系、抽象的形式和抽象的模型. 尽管数学研究对象也有着背景 (生活背景、科学背景、也可能是数学内部的背景), 但它的抽象的表现方式, 常常是令人难以接受的.

另外, 由于自然科学研究的对象是在现实世界中存在的, 因此, 自然科学不关心存在性问题. 而数学学科研究的对象是抽象的, 因此, "存在性" 是数学的基本问题.

—— **追求的目标不同.** 自然科学追求发现新的事物 (原本存在, 只是尚未发现), 寻求对客观事实的解释, 在此基础上建立理论. 所得理论有其近似性 (未必是精确的), 解决问题以合理为标准. 理论也有其相对性, 是在一定的对象范围内成立的. 也可能发现新的对象使这一理论不再成立. 例如, 在量子力学中, 牛顿力学定律已经不再成立, 而成立的是相对论.

在数学学科中, 追求的是发明无逻辑矛盾的、新的数学知识体系 (数学不是发现, 而是发明), 新的数学内容, 就是解决问题的新工具, 从而发展了数学新理论. 数学理论是精确的 (而不是近似的), 数学理论是永恒不朽的.

——— **研究的方法不同.** 自然科学的研究方法通常离不开观察与实验, 或者在观察实验的基础上形成理论结果, 当然, 也会有在理论的指导下进行实验并验证猜想.

在数学学科中, 研究问题的方法就是演绎推理. 尽管在研究过程中为了有助于发现新的结论, 会使用归纳推理或类比推理, 但在证明新结论时, 只能使用演绎推理.

数学与其他学科之间是什么关系呢?

恩格斯在《关于现实世界中数学的无限的原型》这篇札记中指出: "数学的应用, 在固体力学中是绝对的, 在气体力学中是近似的, 在液体力学中已经比较困难了; 在物理学中多半是尝试性的和相对的; 在化学中是最简单的一次方程式; 在生物学中 = 0."(参见胡作玄《数学是什么?》) 恩格斯写《自然辩证法》的时期是 19 世纪中叶, 一百多年后的今天, 数学对其他学科的影响越来越大.

数学对于物理学的影响是深远的, 但是不能说数学和物理学有很分明的先后 (或主次) 关系. 有的数学问题是从物理中抽象出来的, 有的数学表述方式因为有了物理才有了意义. 例如, 微积分是数学中基本的分支. 微积分的理论基础是极限, 而极限的思想就是牛顿在研究物体运动时提出来的. 下面不谈物理学对数学的促进, 只侧重谈数学对物理学的作用.

(1) 没有数学, 物理学不能定量地揭示物质世界的规律.

物理学是描述物质世界运动规律的科学. 它通过在实验基础上建立起来的定量的物理定律描述物质世界、揭示物质世界规律. 如果没有数学, 物理学就不能定量地揭示物质世界的规律. 例如, 牛顿第二定律 ($F = ma$), 定量地揭示了作用在物体上的力 (矢量 F)、物体的加速度 (矢量 a) 和物体的质量 (标量 m) 三者间定量的关系. 它主宰宏观、低速物体的运动, 大至天体, 小至电子. 没有数学, 只能说, 物体的加速度与受到的力成正比, 与它的质量成反比, 而不能定量描述.

(2) 没有数学, 物理学不能优美地揭示物质世界的规律.

提到美, 大家都会想到自然美和艺术美, 而对于科学之美, 大多数人不易感受到, 这是因为科学之美与自然美、艺术美不同: 科学美属于事物内在结构的和谐美、秩序美. 物理学的美是科学之美. 没有数学, 物理学不能揭示物质世界内在的这种美. 例如, 真空中无源 (没有电荷和电流) 电磁场满足的麦克斯韦方程组

$$
\begin{cases}
\nabla \cdot \boldsymbol{E} = 0, \\
\nabla \cdot \boldsymbol{B} = 0, \\
\nabla \times \boldsymbol{E} = -\dfrac{\partial \boldsymbol{B}}{\partial t}, \\
\nabla \times \boldsymbol{B} = \dfrac{1}{c^2}\dfrac{\partial \boldsymbol{E}}{\partial t},
\end{cases}
$$

其中, $\boldsymbol{E}$ 为电场强度, $\boldsymbol{B}$ 为磁感应强度, c 为光速. 麦克斯韦方程组揭示的是电场与磁场相互转化中产生的对称美, 这种优美通过现代数学得到充分的表达. 这种对称性的优美是以数学形式反映出来的电与磁统一的本质. 这组方程融合了电的高斯定律、电荷守恒定律、法拉第电磁感应定律和安培定律, 揭示了电与磁相互转化、电生磁、磁生电的内部结构之和谐美、秩序美.

(3) 没有数学, 物理学不能多元地揭示物质世界的规律.

对于不同的体系和对象, 物理学对世界的描述所用到的数学工具是不相同的. 有的是方法上的不同, 有的则是知识体系的不同. 例如, 在非相对论量子力学中, 就有两种描述的方式: 薛定谔方程, 这是一种微分方程; 海森伯方程, 这是矩阵形式的量子力学; 这两种表述的方式侧重点不同, 但却是等价的. 数学为物理提供了多元的描述世界的方式. 例如, 广义相对论找到了黎曼的非欧几何这一数学工具; 复变函数对于电磁学方面的贡献是显著的; 数学的场论几乎可以用到所有物质运动的地方; 数理统计在热力学、量子力学方面的贡献很大; 其他的还有很多方法, 积分变换在电磁学中也是经常用到的; 泛函分析在凝聚态物理中很有用处; 光学因为里面有很多的分支学科, 所以它的数学工具是十分广泛的, 除了欧几里得几何在几何光学中的应用外, 还有像波动光学要用到波动函数.

(4) 没有数学, 物理学不能深刻地揭示物质世界的规律.

广义相对论 (general relativity) 是爱因斯坦于 1915 年以几何语言建立而成的引力理论, 该理论统合了狭义相对论和牛顿的万有引力定律, 将引力描述成因时空中的物质与能量而弯曲的时空, 以取代传统对于引力是一种力的看法. 这种对物质运动规律的深刻揭示, 没有数学的帮助是不能完成的.

事实上, 黎曼几何、罗氏几何、欧氏几何, 为爱因斯坦的广义相对论准备了数学基础. 由此, 爱因斯坦预见, 物质的存在可能造成空间的弯曲. 对爱因斯坦的广义相对论有帮助的是高斯曲面理论. 爱因斯坦后来回忆说:"直到 1912 年, 当我偶然想到高斯的曲面理论可能是解开这个奥秘的关键时, 这个问题才获得解决. 我发现, 高斯的曲面坐标对于理解这个问题是非常有意义的."

1.2 数学与技术

世界知识产权组织在 1977 年出版的《供发展中国家使用的许可证贸易手册》中, 给 "技术" 下的定义如下:

"技术是制造一种产品的系统知识, 所采用的一种工艺或提供的一项服务, 不论这种知识是否反映在一项发明、一项外形设计、一项实用新型或者一种植物新品种, 或者反映在技术情报或技能中, 或者反映在专家为设计、安装、开办或维修一个工厂或为管理一个工商业企业或其活动而提供的服务或协助等方面."

这是至今为止国际上给技术所下的最为全面和完整的定义. 实际上知识产权组织把世界上所有能带来经济效益的科学知识都定义为技术. 在《现代汉语词典》中, 技术的定义是: 人类在利用自然和改造自然的过程中积累起来并在生产劳动中体现出来的经验与知识, 也泛指其他操作方面的技巧.

根据生产行业的不同, 技术可分为农业技术、工业技术、通信技术、交通运输技术等.

根据生产内容的不同, 技术可分为电子信息技术、生物技术、材料技术、先进制造与自动化技术、能源与节能技术、环境保护技术、农业技术等.

技术的使用在现代社会无所不在, 一套共同的特性可以用来刻画现代技术.

—— **复杂度.** 大多现今的工具都有难以了解的原理 (即复杂的技术). 一些使用相对较简单, 但却很难去理解其制造方法, 如电视; 另外也有很难使用且很难理解其工作原理, 如电脑等.

—— **系统性.** 现今相当数量的工具不是单一独立工作的, 而是一些工具构成了一个系统, 例如汽车装配线. 现代工具的相互依赖性不仅表现在制造业, 即使在使用方面也需要一个系统. 例如, 汽车的使用也需要有高速公路、街道、加油站、保养厂和废弃物收集设备构成的支撑系统.

　　—— 普及性.　　指现代技术的普及. 简单地说, 技术存在于人们生活的每一个角落, 它支配了现代的生活. 例如, 电的各种设备、手机、计算机网络等.

　　科学、工程与技术的区分并不总是很明确的. 一般来讲, 工程侧重在实际生产操作上, 科学侧重在理论和纯粹研究上, 而技术则介于两者之间.

　　大体而言, 科学是对自然、社会等合理的研究或学习, 焦点在于发现 (现象) 现实世界元素间的永恒关系 (原理). 它通常利用合乎规则的技术, 系统建立好的程序规则, 如科学方法.

　　工程是对科学及技术原理合理的使用, 以达到基于经验上的计划结果.

　　例如, 科学可能会学习电子在导体内的流动. 此知识可能会被工程师拿来创造工具或设备, 如半导体、计算机及其他类型的先进技术产品.

　　数学作为一种知识, 如何表现出其技术特性? 我们仅以通信技术与雷达技术为例来论述.

　　现代数字通信技术的发展对人类社会生活有全面深刻的影响, 数学在现代数字通信技术中具有重要的作用.

　　例如, 数字信号处理是数字通信技术的基本内容, 以傅里叶分析为代表的解析工具是数字信号处理的核心技术. 国际上通常把 1965 年作为数字信号处理这门学科的开端, 原因在于 Cooley 和 Tukey 在这一年提出了能快速实现傅里叶变换的 FFT 算法, 由此可见傅里叶分析对数字信号处理的重要性.

　　值得注意的是, 数论、抽象代数这些传统上远离实际生活的数学内容, 在数字通信领域也有广泛而深刻的应用. 例如, 纠错编码是数字通信技术的另一项核心内容, 其目的是保障信号在受干扰信道中可靠的传输. 纠错编码理论的基础是有限域、代数几何等代数工具. 密码学是现代数字通信中保障敏感信息在公开信道安全传输的核心技术. 而数论正是现代密码学不可或缺的基础. 一些高度抽象的数学内容, 如有限域上椭圆曲线的除子类群等, 在公钥加密体制等领域得到了广泛的应用.

　　19 世纪晚期, 赫兹 (Heinrich Rudolf Hertz, 1857—1894, 德国物理学家) 在实验中注意到无线电波可以被金属物体反射. 1904 年, 侯斯美尔 (Christian

Hülsmeyer, 1881—1957, 德国发明家、物理学家、企业家) 发明了第一台无线电回声探测装置, 防止海上船舶相撞, 此即现代雷达的雏形. 雷达, 是英文 radar 的音译, 源于 radio detection and ranging 的缩写, 意思为 "无线电探测和测距", 是一项目前在军工与民用科技方面广为应用的技术. 雷达基本原理为对目标发射电磁波并接收其回波, 由此获得目标至电磁波发射点的距离、距离变化率 (径向速度)、方位、高度、目的物形状等信息 (读者可以类比蝙蝠的回声定位技术, 它是雷达在自然界中的技术原型). 数学上, 这一技术可以描述为对于给定的波动方程 (双曲型偏微分方程), 在波源附近测量经过物体反射的波动信号 (波的方向与强度信息等), 以确定波动方程定义域的几何形状的问题. 这一数学理论为数学物理反问题研究中的重要一支, 在超声波探测 (如医用 B 超)、计算机断层成像 (如医用 CT、工业用无损检测) 等领域具有极其广泛的应用.

如果说到信息技术、网络技术, 人们当然认识到这些技术的实质是数学, 而航天技术、遥感技术在操作层面看, 这些技术也可以看成是数学的.

曾有这样的说法: 一门科学成熟的标志是数学的进入, 一门技术成熟的标志是控制的进入, 而控制技术的实质是数学.

1.3 数学与逻辑学

逻辑学指的是形式逻辑, 狭义指演绎逻辑, 广义还包括归纳逻辑. 逻辑学是从思维的形式结构方面研究思维规律的科学, 它总结了人类思维的经验, 以保持思维的确定性为核心, 用一系列规则、方法帮助人们正确地思考问题和表达思想.《现代汉语词典》将逻辑学定义为研究思维的形式和规律的科学.

什么是思维呢? 我们举例阐述如下.

一天清晨, 某人起床, 从窗口向外望, 蔚蓝的天空万里无云, 但道路都湿了, 连草木的叶子也湿了. 他马上会想到: "昨天夜里下雨了!" 这是一个思考过程的例子.

我们认识世界离不开感觉和知觉. **感觉**就是客观事物的个别方面的特性在

我们头脑中的反映, **知觉**是客观对象作为整体在我们头脑中的反映. 感觉和知觉只是认识事物的初始阶段. 为了认识事物的本质特性, 人们必须把对事物的感觉与知觉在头脑中加工, 即把重要的、本质的东西提取出来, 把事物之间的关系表示出来. 我们头脑中的这种活动就是思维.

思维活动是否有规律可循呢? 如果承认客观事物是有规律地运动着, 那么, 思维作为一种活动也是有规律的. 形式逻辑学的目的就是研究思维形式和规律.

数学与形式逻辑学之间有一些相同之处:

—— **形式科学.** 数学是研究数量的形式结构的, 逻辑是研究思维的形式结构的, 形式结构都是高度抽象的, 是抽象结构, 它们的定义、定理、原理、法则等的正确性均不涉及各种事物具体内容.

—— **工具性.** 逻辑学是一门工具性的学科. 逻辑学的基本理论在各门学科中被当作是一些普遍适用的原则和方法. 任何一门学科都要应用逻辑学, 因为它的具体内容借助于概念、命题和推理的基本形式来表达, 都必须运用一定的逻辑形式来论证真理, 反驳谬误. 在任何科学研究中, 只有正确地遵守逻辑规律, 才能构成一个合乎逻辑的科学体系. 数学在工具性方面与逻辑学有相同之处.

爱因斯坦说:"纯粹数学, 就其本质而言, 是逻辑思想的诗篇."

伽利略说:"自然界这部伟大的书是用数学语言写成的."

数学是自然科学的基础. 从概念上讲, 数学是研究数量、结构、变化以及空间模型等概念的一门学科. 数学有广阔的应用空间.

著名数学家华罗庚说:"凡是出现'量'的科学部门中就少不了要用数学. 研究量的关系、量的变化、量的变化的关系、量的关系的变化等等现象都是少不了数学的, 所以数学之为用贯穿到一切科学部门深处, 而且成为它们的得力的助手和工具."

—— **全人类性.** 逻辑学所研究的思维形式、思维规律和思维方法是从整体人类思维的发展过程中概括出来的, 是客观规律的反映. 不同民族、不同时代和不同地域的人要进行正确的思维, 都必须运用共同的逻辑形式, 遵守共同的逻辑规律, 使用共同的逻辑方法. 所以说, 逻辑学具有全人类性. 数学也是如此. 在世界各地, 数学语言是相通的, 甚至使用的数学符号都是一致的.

数学与逻辑学有着一些不同之处:

—— **研究内容的不同.** 在逻辑学中, 讨论的内容是概念、命题、推理与预言, 是研究推理形式有效性的学科. 它是构造形式系统、表达知识、研发智能系统的必要工具. 数学研究的内容是现实世界中的数量关系和空间形式. 它的具体表现是数学概念, 揭示不同概念之间关系的数学定理, 以及一些数学量的运算.

—— **数学和逻辑的任务和目标不相同.** 数学的主要任务和目标是揭示客观事物的量和数的规律性, 而逻辑的主要任务和目标是为了解决思维推理形式的有效性或真值性.

最后, 数学和逻辑二者有很强的互补性.

一方面数学可能得益于逻辑. 从数学或其某一分支的产生和发展来看, 它都是人对客观世界中抽象出某一空间形式或数量关系进行研究的成果. 在其开始阶段, 需要有一个有关经验材料的积累过程; 进入提炼整理阶段, 需要有一个组织和演绎的过程, 最后才形成一个系统. 无疑, 在整个过程中都需要运用逻辑 (开始阶段运用归纳逻辑多一些, 在整理阶段则应用演绎逻辑多一些), 特别是由于数学是一门形式 (或演绎) 科学, 它的结论的正确性不能建立在实验之上, 只能依赖于逻辑的推理证明, 这是因为逻辑也是一门形式科学, 其规则是普遍有效的, 所以在应用中就能保证数学结论的正确性.

数学一旦成为一个系统, 它就由两部分组成, 其一是原始概念与公理, 其二是定义与推理的规则. 从原始概念出发, 按照定义规则不断形成新的概念; 从公理出发, 按照推理规则不断得到新的结论, 进而形成了数学体系.

另一方面, 逻辑学也需要数学的推动. 过去, 形式逻辑学与欧几里得几何学互相推进, 相得益彰. 今天, 在数学的基础上发展数理逻辑学, 丰富了逻辑学的内容.

1.4 数学与语言

英文 "language" (语言) 一词源于拉丁文 lingua, 意为 "舌头". 舌头是发音说话的重要器官. 对于语言概念界定的问题, 主要有三大观点:

一是称语言是一种符号系统, 代表人物是索绪尔;

二是强调语言是人类天生的, 认为语言是与生俱来的一种能力, 代表人物是乔姆斯基;

三是对于语言社会性的提出, 最早的提法是列宁的 "语言是人类最重要的交际工具". 在《现代汉语词典》中, 对语言的解释是: 人类所特有的用来表达思想、交流思想的工具, 是一种特殊的社会现象, 由语音、词汇和语法构成的一定的系统.

站在交际工具的角度看, 数学与语言有着密切的联系, 可以说数学是一种语言, 这种语言起到了联系人类主观认知和外在客观世界的中介的作用.

创造新的语言是为了讨论前所未有的事物、解答未曾解决的问题. 在科学的最前沿, 新的数学理论不断出现, 以表达最新的科学知识. 自然语言是数学语言形成与发展的基础, 数学语言不仅借用了自然语言中的文字, 沿用了自然语言中的语法规则, 还在自身的系统里进行了字符的抽象整合.

数学与语言有如下的相同之处:

—— **语法构成的一致性.**　在自然语言中, 人们表达的句子成分主要是主、谓、宾、补、定、状. 主语是行为的发起者, 谓语是发起者的行为, 宾语是行为的接受者. 自然语言的最简单形式是主谓宾. 例如,

北京 (主语) 是 (谓语) 中华人民共和国的首都 (宾语);

长春 (主语) 是 (谓语) 一座美丽的城市 (宾语) 等.

数学的主体内容之一是 "讨论是什么". 数学内容的表现形式是概念与命题, 从语言表现形式上看也是主谓宾结构. 例如,

正方形的定义是: 正方形 (主语) 是 (谓语) 四条边长相等且四个角是直角的四边形 (宾语).

正方形与长方形之间关系的命题是: 正方形 (主语) 是 (谓语) 一组邻边相等的长方形 (宾语).

数量关系命题是: 2+2(主语从句)=(谓语)4(宾语).

—— **语句表述的一致性.**　在用自然语言的交流中, 人们常常要讲述一些事物及道理, 说清楚应该如何, 并说清楚为什么应该这样, 即知其然, 并知其所以然. 例如, "由于地球自西向东自转, 生活在地球上的人们感觉不到地球的自转, 而是感觉到天体自东向西围绕地球运动. 所以, 我们看到太阳每天从东方升

起在西方落下." 再如, "人生活在大自然中, 我们就应该和大自然中的一切和谐相处, 包括一草一木, 一山一水." 这些语句都在论述一定的道理. 在数学中, 它的另一个主体内容是从公理和已知的命题出发, 获得新的命题 (即定理), 这个过程为推理. 推理的过程就是告诉人们是什么与为什么的过程. 例如, "已知平行四边形两组对边平行且相等, 矩形是一个特殊的平行四边形, 所以, 矩形的两组对边平行且相等."

数学与语言也有一些不同之处:

—— **简洁而不求多.** 自然语言具有生成性, 语言符号所构成的句子是无限的, 对于某一长度有限的句子, 往往可以采用反复地使用有限的规则扩展成无限的句子. 例如, 数学是语言、数学是一种有逻辑性的语言 …… 这就好比英文中可以任意加上 "that" 的从句. 到底能够表达多少个这样的从句, 与说话人的记忆力和耐心有关. 而数学语言追求简洁, 它尽可能用最少的语言符号去表达最复杂的形式关系. 用数学语言表达某个数学规律, 比用自然语言要简洁得多. 数学语言大大缩短了语言表达的长度, 使叙述、计算和推理更清晰明确. 数学语言不仅是最简单和最容易理解的语言, 而且也是最精练的语言, 简洁性是数学语言最突出的表现.

—— **准确而不模糊.** 早在古希腊时代的人们就认识到了语言的模糊性, 哲学家欧布里德提出了著名的 "连锁推理悖论", 其中一种可叙述为

"一粒麦子构不成一堆, 对于任何一个数字 n 来说, 如果 n 粒麦子不能构成堆的话, $n+1$ 粒麦子也不能构成堆, 因此, 任意多的麦粒都构不成堆."

这个悖论就利用了 "堆" 的界限不清导致的模糊性. 自然语言通常具有模糊性, 而数学是严谨的, 容不得含糊. 所以, 数学中的文字语言不是自然语言文字的简单移植或组合, 而是经过一定的加工、改造、限定和精确化而形成的, 并且这些语言具有数学学科特指的确定的语义, 常以数学概念、术语的形式出现. 如 "全等" 是自然语言的精确化; "绝对值" 是对自然语言中的文字进行限定的结果; "概率" 是具有特定含义的数学文字语言. 有些数学语言本身还具有比喻或象形意义, 如扇形、补角等数学词语, 似乎能给人一种语言直观, 使人较为自然、容易地领会和理解.

—— **数学语言的符号化.** 在数学中, 常常用一些数学符号来表达内容. 这些符号有数字、字母、图形、运算符号、专门的符号. 例如, 二加二等于四, 写成

2+2=4, 角 A 的正弦写成 $\sin A$. 用自然语言表达的 "$f(x)$ 是定义在区间 (a,b) 上的连续函数," 在数学上就可记为

$$\text{"}f \in C(a,b)\text{"}.$$

—— **数学句型少于自然语言句型.** 在自然语言句型中, 有陈述句、疑问句、感叹句和祈使句. 例如,

数学是科学. (陈述句)

数学是科学吗? (疑问句)

数学太有用了! (感叹句)

让我们好好学数学吧! (祈使句)

在数学中, 只有陈述句与疑问句. 例如:

2+2=4, (陈述句)　　2+2=? (疑问句)

数学语言的社会价值

20 世纪下半叶以来, 语言学与信息科学、认知科学以及数理逻辑等学科表现出了高度的相关性, 这些学科在研究取向、理论方法和阐释方式上都直接影响了语言学研究, 同时, 这些学科的发展也亟待语言学的研究成果为其发展提供必要条件. 可以说, 语言学是自然科学和人文社会科学联系的桥梁. 当今社会, 人们生活在一个迅速变化的信息社会之中, 在这个环境中, 所有的信息都已经数字化, 数学语言的运用得到了空前的普及和应用.

—— **数学模型价值**

应该明确的是, 任何深入的理论研究都必须借助于一定的模型. 现代科学发展的一个重要特点是其与直接经验的距离变得越来越远, 其真理性完全取决于由此推导出的具体命题能否得到经验的证实. 数学在语言学上扮演的角色越来越重要. 现今的理论科学家在探索理论时, 就不得不从纯粹数学的、形式的角度来考虑, 而且往往是通过数学模型来研究的. 数学模型就是一种表达所研究问题的数学语言, 数学学科以外的其他自然学科只有成功地建立起数学模型, 才可称得上那门学科已经趋于成熟和完善, 所以, 数学模型具有广泛的适用性, 科学发展通过它进行经济效益上的转化, 数学模型一旦被其他领域成功地应用于社会生产, 便给人们带来福祉.

—— **公共话语空间价值**

数学史学家克莱因 (M.Klein, 1908—1992) 曾指出:"数学的另一个重要特征是它的符号语言."

伽利略 (G. Galileo, 1564—1642) 说:"展现在我们眼前的宇宙像一本用数学语言写成的大书."

数学语言可以准确地描述事物, 这种描述能力超越了汉语、英语、西班牙语等自然语言. 数学语言建构了一个公共话语空间, 该空间可以促进信息的传播, 来自世界各国的人不用掌握其他国家的语言, 而可以使用通用的数学语言, 使得在一种可交流的情况下共同讨论问题, 在这一点上公共话语空间的价值就在于促进学术交流, 推动社会文化的发展. 它的价值还在于可被机器读懂, 通过计算机可以快速操作, 实现了人与机器间的"交流", 人们借助它就可以解放双手, 促进生产力的提高, 而且数学语言不同于自然语言的简洁准确的特点, 使得在整个人机交互的过程中没有扭曲和损耗.

请 您 思 考

数学的核心素养

1. 谈一谈你对数学与科学的关系的认识.
2. 谈一谈你对数学与技术的关系的认识.
3. 谈一谈你对数学与逻辑的关系的认识.
4. 谈一谈你对数学与语言的关系的认识.
5. 谈一谈你对数学与艺术的关系的认识.
6. 谈一谈你对数学与哲学的关系的认识.

数学漫谈 名人论"数学"

无论是对数学工作者, 还是对其他行业工作者来说, "什么是数学"

这个问题可能并不陌生. 这个问题看起来似乎很容易回答, 因为从小学到高中, 甚至是大学, 几乎我们每个人都学过数学; 但这个问题似乎又很难回答, 我们无法用准确的语言来描述数学. 其实, 这个问题在数学家中, 都还没有得出满意的定论. 在这里, 我们无法堆砌大量详实的史料来把数学的原貌尽量地展现给大家, 但我们可以通过历史长河中名人对于数学的论述来管中窥豹, 进而回答 "什么是数学" 这个问题.

柏拉图 (公元前 427—前 347) 古希腊伟大的哲学家、思想家、教育家、数学家. 他是西方哲学的奠基者之一, 在雅典城外西北角创立了自己的学校 —— 柏拉图学院. 柏拉图学院成为西方文明最早的有完整组织的高等学府之一.

数学是一切知识中的最高形式. —— 柏拉图

柏拉图认为数学概念存在于一个特殊的理念世界里, 它们是不依赖于时间、空间和人的思维的永恒的存在.

毕达哥拉斯 (约公元前 580 年 — 前 500 年) 古希腊数学家、哲学家. 他是第一个注重 "数" 的人, 提出了毕达哥拉斯定理 (勾股定理) 并证明了正多面体的个数.

数学支配着宇宙. —— 毕达哥拉斯

毕达哥拉斯学派宣称数是宇宙万物的本原, 研究数学的目的并不在于使用而是为了探索自然的奥秘. 他们从五个苹果、五个手指等事物中抽象出了 "五" 这个数. 同时任意地把非物质的、抽象的数夸大为宇宙的本原, 认为 "万物皆数" "数是万物的本质", 而整个宇宙是数及其关系的和谐的体系.

开普勒 (1571—1630) 德国杰出的天文学家、物理学家、数学家. 他发现了行星运动的三大定律, 即轨道定律、面积定律和周期定律. 同时他对光学、数学也做出了重要的贡献, 是现代实验光学的奠基人.

数学对观察自然做出重要的贡献, 它解释了规律结构中简单的原始元素, 而天体就是用这些原始元素建立起来的. —— 开普勒

开普勒平生爱好数学. 他也和古希腊学者们一样, 十分重视数学的作用, 总想在自然界寻找数字的规律性. 规律越简单, 从数学上看就越好, 因而在他看来就越接近自然.

笛卡儿 (1596—1650) 法国著名哲学家、物理学家、数学家、神学家. 他创立了解析几何, 首次对光的折射定律提出了理论论证, 力学上发展了伽利略运动相对性的理论, 发展了宇宙演化论、漩涡说等理论学说, 是近代二元论和唯心主义理论著名的代表.

> 数学是知识的工具, 亦是其他知识工具的泉源. 所有研究顺序和度量的科学均和数学有关. —— 笛卡儿

笛卡儿致力于代数和几何联系起来的研究, 并成功地将当时完全分开的代数和几何学联系到了一起.

高斯 (1777—1855) 德国著名数学家、物理学家、天文学家、大地测量学家. 他奠基微分几何基础、提出了代数基本定理和正态分布.

> 数学中的一些美丽定理具有这样的特性: 它们极易从事实中归纳出来, 但证明却隐藏得极深. —— 高斯

高斯的数学研究涉及了很多领域, 他在数论、代数学、复变函数和微分几何学等方面都做出了开创性的贡献. 他还把数学应用于天文学、大地测量学和磁学的研究.

罗巴切夫斯基 (1792—1856) 俄国数学家, 是非欧几何的创始人之一. 罗巴切夫斯基是一位杰出的教育家和管理者, 创立了喀山数学学派和喀山数学教育学派, 在无穷级数论 (特别是三角级数)、积分学和概率论等方面均有出色的工作.

> 任何一门数学分支, 不管它如何抽象, 总有一天会在现实世界中找到应用. —— 罗巴切夫斯基

罗巴切夫斯基反对康德的唯心主义观点, 认为人们头脑里产生的概念来源于客观世界的物质运动. 数学概念从现实世界抽象和概括出来, 反映了诸多客观事物数量关系和空间形式方面的本质和共性. 因此不管数学理论如何抽象, 一定会在实际问题中得到应用. 事实也是如此, 他创造的非欧几何已在描述宇宙空间结构中得到某些应用.

雅可比 (1804—1851) 德国数学家. 他奠定了椭圆函数论的基

础, 建立了哈密顿-雅可比微分方程.

上帝是一位算术家. —— 雅可比

雅可比善于处理各种繁复的代数问题, 在纯粹数学和应用数学上都有非凡的贡献, 他所理解的数学有一种强烈的柏拉图式的格调, 其数学成就对后人影响颇为深远.

克罗内克 (1823—1891) 德国数学家与逻辑学家. 他最主要的功绩在于努力统一数论、代数学和分析学的研究.

上帝创造了自然数, 所有其余的数都是人造的. —— 克罗内克

他主张分析学应奠基于算术, 而算术的基础是自然数.

汉克尔 (1839—1873) 德国数学家、数学史家, 他修正了形式律的皮科克不变性, 证明了任何超复数系都不能满足全部普通算术定律, 强调点集的测度性质, 系统阐述了黎曼可积性准则, 讨论了函数的分类及各类函数的可积性, 并提出构造以有理点为奇点函数的方法.

在大多数学科里, 一代人的建筑往往被另一代人所摧毁, 一个人的创造被另一个人所破坏; 唯独数学, 每一代人都在古老的大厦上添加一层楼. —— 汉克尔

在讲解数学科学的特点时, 一般人津津乐道的有三点: 高度的抽象性、体系的严谨性、应用的广泛性, 往往忽略了它的第四个特点: 发展的连续性. 对此, 汉克尔提出了上述精彩论述, 这也是数学与自然科学的显著差异.

康托尔 (1845—1918) 德国数学家, 集合论的创始人. 1870 年, 他开始研究三角级数并由此导致 19 世纪末 20 世纪初最伟大的数学成就 —— 集合论和超穷数理论的建立.

数学的本质在于它的自由. —— 康托尔

康托尔注意到在数学发展进程中往往有些理论不能被普遍接受, 如概率论. 于是, 他提出 "数学的本质在于它的自由", 即不必受传统观念束缚, 由康托尔首创的全新且具有划时代意义的集合论, 是自古希腊时代的两千多年以来, 人类认识史上第一次给无穷建立起抽象的

形式符号系统和确定的运算.

格莱舍 (1848—1928) 英国数学家、天文学家. 他的主要贡献在特殊函数 (特别是椭圆模函数) 理论和数学史等方面, 另外对天文学也有研究.

> 对于任何一种将一个学科与它的历史割裂开来的企图, 我确信, 没有哪一个学科比数学的损失更大. —— 格莱舍

与其他自然科学相比, 数学的独特之处在于它是积累的科学, 它本身就是历史的记录, 或者说数学的过去融合于现在与未来之中. 正是为了强调数学史的重要性, 格莱舍说出以上名言.

怀特黑德 (1861—1947) 英国逻辑学家、数学家、哲学家. 怀特黑德的主要贡献在数理逻辑和哲学方面, 他和罗素被认为是数学基础三大学派之一的逻辑主义学派的创始人. 他们合作的《数学原理》一书对逻辑主义学派的基本观点进行了论述, 现已成为重要的历史文献.

> 这是一个可靠的规律, 当数学或哲学著作的作者以模糊深奥的话写作时, 他是在胡说八道. —— 怀特黑德

数学的特点在于简洁, 即将最复杂的东西用最简单明了的内容来表示, 而不是使用模糊深奥的语言, 这就是怀特黑德的观点.

罗素 (1872—1970) 英国哲学家、数学家、逻辑学家、历史学家、文学家, 分析哲学的主要创始人.

> 数学是符号加逻辑. —— 罗素

罗素为了解决由集合论危机引起的数学基础危机, 提出了从逻辑概念推出数学概念, 从逻辑公理推出数学定理, 从而推导出全部数学的计划.

外尔 (1885—1955) 近代的德国数学家. 他的早期工作在分析学方面. 他第一次给黎曼曲面奠定了严格的拓扑基础. 他研究与物理有关的数学问题, 对以后发展起来的各种场论和广义微分几何学有深远影响.

> 数学是关于无限的科学. —— 外尔

外尔在数学家眼中是一位数学大师, 在物理学家眼中是一位量子论与相对论的先驱, 他还是当今粒子物理学理论 —— 规范场理论的发明者.

韦伊　(1906—1998) 法国数学家、数学史家, 是公认的布尔巴基学派的精神领袖. 他开辟了群上调和分析的新领域, 建立了严整的代数几何学体系.

> 严格性之于数学家, 就如道德之于人. —— 韦伊

在韦伊看来严格是数学家最根本的素养, 在上述名言中他以类比的方法形象地揭示了 "严格" 的重要性.

布尔巴基学派　由一些法国数学家组成的数学结构主义团体. 他们以结构主义观点从事数学分析, 认为数学结构没有任何事先指定特征, 它是只着眼于它们之间关系的对象的集合.

> 数学是研究抽象结构的理论. —— 布尔巴基学派

布尔巴基学派认为数学就是关于结构的科学, 在各种数学结构之间有其内在的联系, 其中代数结构、拓扑结构和序结构是最基本的结构, 称为母结构, 而其他结构则是由较为基本的结构交叉、复合而生成的结构.

M. 克莱因　(1908—1992) 美国数学史家、数学教育家与应用数学家、数学哲学家、应用物理学家. 他拥有无线电工程方面的多项发明专利. 其代表作《西方文化中的数学》和《古今数学思想》不仅在科学界, 在整个学术文化界也都有广泛而持久的影响.

> 在最广泛的意义上, 数学是一种精神, 一种理性精神. ——M. 克莱因

克莱因的《古今数学思想》突出了数学发展的思想方法, 论述了数学思想的古往今来, 是关于数学史的经典名著.

哈尔莫斯　(1916—2006) 美国数学家. 他主要研究遍历理论、代数逻辑、希尔伯特空间算子、测度论等. 他和奈曼严格证明了一个判定统计量充分性的方法, 被称为因子分解定理; 他和冯·诺伊曼给出了遍历理论中关于同构问题的第一定理.

数学是一种别具匠心的艺术. —— 哈尔莫斯

艺术是人类感性认知世界的方式, 而数学是人类理性认知世界的方式. 两者之间一直有着某种密切的关联.

不难发现, 以上各位历史名人分别从不同的角度对"什么是数学"这一问题给出了自己的看法, 例如从数学研究对象、研究方法等角度对"什么是数学"进行刻画. 最后我们谈谈恩格斯关于"什么是数学"的回答, 他指出: **数学是研究现实世界中数量关系和空间形式的科学.** 我国高中数学课程标准和义务教育数学课程标准中均采用了恩格斯关于数学的定义. 有人可能会产生这样的疑问, 数学新兴的分支如数理逻辑等并不在该定义范围内. 在这里我们要明确一点: 在课程标准中, 我们赋予了数量关系和空间形式更广泛和更深刻的内涵.

第二章　符号——数字与字母

带着下面的问题我们进入本章.

1. 什么是"数"呢?

2. 从自然数发展到复数, 还有其他数吗?

3. 在数学中, 有数字、字母、运算符号, 这些都是符号, 还有其他的符号吗?

4. 符号是书面语言的基本要素, 能从符号的角度来分析一下数学语言与其他自然语言的不同吗?

5. 字母进入了数学, 能认识到它的价值吗?

6. 语言都是抽象出来的, 数学语言更加抽象. 能否说清楚数学语言的抽象表现在哪里?

数学是一种语言. 表达书面语言的工具是符号. 在数学语言中, 所使用的符号包括了数字、字母和图形等. 数学离不开各式各样的符号, 如数字符号 $0, 1, 2, \cdots$, 运算符号 $+, -, =$, 代数符号 a, b, c, 还有其他语意复杂一些的符号, 如 $\sin$ 等. 这些有趣的符号用来表示各种具体或者抽象的数学概念. 人们也用数学符号来表示不同数学对象之间的关系, 例如, $x^2 + y^2 = 1$, $\mathrm{e}^{\mathrm{i}\pi} + 1 = 0$, 它们都是典型的数学符号表达式. 数学从计数开始, 通过利用各种符号, 建立起内涵丰富的数学分支, 发展成为描述自然科学规律和现象的基础语言. 没有符号, 就没有数学.

在这一章中, 我们主要介绍如何使用数字与字母来表达数学语言. 同时, 可以从这一章的内容中, 我们看到数学的初步发展.

2.1 自 然 数

数系是数学学科的基本内容, 数包括了自然数、整数、有理数、实数与复数.

正如克罗内克的那句名言, "上帝创造了自然数, 其余的数都是人造的", 此话表明自然数是所有数的基础.

在小学数学中, 称 $0, 1, 2$ 等数为自然数. 其实, 这并不是自然数的定义. 从形式上看, 这是用**外延**的方式来给出自然数的定义. 但是, 自然数是无法都列出来的, 因此, 只能用**内涵**的方式来定义自然数.

评论 1 从逻辑学的角度看, 任何概念都有内涵与外延, 内涵是概念所反映的对象的特有属性, 外延则是概念所反映的对象的范围. 内涵与外延是概念的最基本的逻辑特征. 因此, 对一个概念给出定义的方式有两种, 即内涵与外延.

人们在生产和生活中, 通过对物件的计量逐渐形成了 "多少" 的概念. 从一块黑板、一张桌子的具体对象中抽象出来自然数 1, 从两个苹果、两棵树的具体对象中抽象出来自然数 2, 同样从三栋楼、三条街道的具体对象中抽象出来自然数 3.

(一) 什么是自然数?

定义 2.1.1   一个集合若不能与其任一真子集建立一个双射，则称该集合为**有限集**，不是有限集的集合称为**无限集**.

例如，一只手的手指组成的集合是有限集.

什么是自然数

评论 2   在《现代汉语词典》中，有限的含义有两个: ① 有一定限度的; ② 数量不多; 程度不高. 按照《现代汉语词典》的解释，我们无法检验一个集合是否是有限集.

思考题   如何检验一个集合是无限集?

定义 2.1.2   非空有限集合元素的个数是**自然数**.

例如: 集合 A 中有 n 个元素，记作 $\mathrm{card}(A) = n$.

思考题   在定义 2.1.2 中，我们用一个集合中元素的多少定义了自然数. 自然数是否还有其他含义?

注 1   定义 2.1.2 给出的自然数的概念表达了自然数的属性之一 —— 基数，即一个、两个、三个等. 自然数是一个一个地数 (shǔ) 出来的; 自然数的另一属性是序数，即第一、第二、第三等. 自然数也是第一、第二地数 (shǔ) 出来的. 有人总结说: "数 (shù) 就是数 (shǔ)，量 (liàng) 就是量 (liáng)".

定义 2.1.3   称自然数的全体为**自然数集**，记作 $\mathbf{N}_+$，即

$$\mathbf{N}_+ = \{1, 2, 3, \cdots\}.$$

空集中没有元素，其元素的个数表示为 0，称 $\mathbf{N} = \{0\} \cup \mathbf{N}_+$ 为**扩大的自然数集**.

评论 3   数 "0" 在数学中起着非常重要的作用. 一方面，它表示集合中没有元素. 更重要的另一方面，在记数中，0 起到了占据空位的作用，如 10, 100, 101 等.

人们认识事物，就是要在掌握了事物的一般性的基础上，认识事物的特殊性. 这是认识事物的基本方法.

若集合 A 与集合 B 之间能够建立双射 (或称为一一映射)，记作 $A \sim B$.

设 A, B 是两个有限集, 且 $\operatorname{card}(A) = n, \operatorname{card}(B) = m$. 若 $A \sim B$, 则称 $n = m$. 若 A 有真子集 A_1, 使得 $A_1 \sim B$, 则称 $n > m$.

定理 2.1.1 对于任意两个自然数 n, m, 下列三种情形有且仅有一种情形成立:

(1) $m = n$;　　　(2) $m > n$;　　　(3) $m < n$.

注 2 两个有限集的元素个数相等当且仅当两个集合之间可以建立双射.

注 3 对于任意的有限集, 其真子集元素的数量小于全集元素的数量, 即部分小于整体. 对无限集此结论不真.

例如, $N_2 = \{0, 2, 4, 6, \cdots\}$ 是 $\mathbf{N}$ 的真子集, 令

$$
\begin{array}{ccccccccc}
0 & 1 & 2 & 3 & 4 & 5 & & n & \\
| & | & | & | & | & | & \cdots & | & \cdots \\
0 & 2 & 4 & 6 & 8 & 10 & & 2n &
\end{array}
$$

则 $N_2 \sim \mathbf{N}$.

阅读材料 "0" 在数学中的作用

"0" 在数学中起着举足轻重的作用. 单独来看, 0 可以表示没有. 除此之外, 0 还有特殊的意义.

(1) 表示一个数的某位上没有数: 如 305 中 "十位" 的 "0" 即表示十位上没有数.

(2) 表示起点: 如在直尺的起点刻度线标个 0.

(3) 用于编号: 如 0068, 就会使人知道最大的号码是四位数.

(4) 表示界限: 我们常说某一气温为 0 摄氏度, 水平面的高度为 0 米. 在这里, 0 摄氏度不是没有温度, 0 米也不是没有高度; 0 在这里起一个数量界限的作用.

(5) 表示精确度: 如 0.50 表示精确到百分之一.

(6) 记账的需要: 如 3 元通常记作 3.00 元.

自然数的运算

(二) 自然数的运算

在现实生活中, 我们会遇到这样的事情: 一个篮子中有一个苹果, 又放入篮子中一个苹果, 现在篮子中有了两个苹果. 我们可以用如下方式表示:

一个苹果加一个苹果等于两个苹果.

在数学中, 将其抽象为

$$1 + 1 = 2,$$

再加一个苹果, 表示为

$$2 + 1 = 3.$$

一般地, 有如下定义.

定义 2.1.4　设非空有限集合 A, B, C, $\mathrm{card}(A) = a$, $\mathrm{card}(B) = b$, $\mathrm{card}(C) = c$, $A \cap B = \varnothing$, 若 $C = A \cup B$, 则称 c 是 a 与 b 之**和**, 记作 $c = a + b$, a 叫做**被加数**, b 叫做**加数**, 求和的运算叫做**加法**.

评论 4　在数学中, 等号 "$=$" 是非常重要的符号. "$A = B$" 相当于说 A 就是 B, 这里在用 B 说明 A 是什么. "是什么" 的问题是哲学的核心问题之一.

对于自然数的加法运算, 可以证明如下的算律成立:

加法交换律　$a + b = b + a$;

加法结合律　$(a + b) + c = a + (b + c)$.

思考题　如何证明加法交换律?

定义 2.1.5　设 a, b, c 是自然数, 若 $a + b = c$, 则称 a 是 c 与 b 之差, 记作 $a = c - b$, c 叫做**被减数**, b 叫做**减数**, 求差的运算叫做**减法**.

注 4　减法运算是加法运算的逆运算.

在自然数集中, $c - b$ 能运算当且仅当 $c > b$.

定义 2.1.6　设集合 $A_1, A_2, \cdots, A_b$ 满足: 任意两个集合的交集是空集, 且 $\mathrm{card}(A_1) = \mathrm{card}(A_2) = \cdots = \mathrm{card}(A_b) = a$, 若 $C = A_1 \cup A_2 \cup \cdots \cup A_b$, $\mathrm{card}(C) = c$, 则称 c 是 a 与 b 之**积**, 记作 $c = ab$, a 叫做**被乘数**, b 叫**乘数**, 求积的运算叫做**乘法**.

对于自然数的乘法运算, 可以证明如下的算律成立:

乘法交换律　$ab = ba$;

乘法结合律　$(ab)c = a(bc)$;

乘法对加法分配律　$(a + b)c = ac + bc$.

定义 2.1.7　设 a, b, c 为自然数, $ab = c$, 则称 a 是 c 与 b 之**商**, 记作 $a = c \div b$, c 叫做**被除数**, b 叫做**除数**, 求商的运算叫做**除法**.

注 5　除法是乘法的逆运算.

由除法的定义即可知, 0 不能做除数.

思考题 在小学数学中, 是如何定义除法的? 在小学数学中, 除法的实际意义是什么? 试加以总结.

数学归纳法

(三) 数学归纳法

数学归纳法是一种证明关于自然数 n 的命题的方法, 是一种完全归纳法. 它是利用有限的步骤, 证明了对所有自然数都成立的命题, 是演绎推理的一种.

预备定理 $\mathbf{N}_+$ 是自然数集, $M \subset \mathbf{N}_+$ 且 M 满足: ① $1 \in M$, ② 当 $m \in M$ 时, 有 $m + 1 \in M$, 则 $M = \mathbf{N}_+$.

注 6 已知 $M \subset \mathbf{N}_+$, 证明这个预备定理, 只需证明相反的包含关系.

1. 第一数学归纳法

设 $T(n)$ 是一个关于自然数 n 的命题. 如果

(1) $T(1)$ 成立;

(2) 假设 $T(k)$ 成立, 则 $T(k+1)$ 成立.

那么, 命题 $T(n)$ 对所有的自然数 n 成立.

例 1 证明: $\sum_{k=1}^{n} k^2 = \frac{1}{6}n(n+1)(2n+1)$.

证明 当 $n = 1$ 时, $1 = \frac{1}{6} \times 1 \times (1+1)(2+1)$, 即 $n = 1$ 时命题成立.

假设 $n = m$ 时命题成立, 即 $\sum_{k=1}^{m} k^2 = \frac{1}{6}m(m+1)(2m+1)$; 往证

$$\sum_{k=1}^{m+1} k^2 = \frac{1}{6}(m+1)(m+2)[2(m+1)+1].$$

事实上,

$$\sum_{k=1}^{m+1} k^2 = \sum_{k=1}^{m} k^2 + (m+1)^2 = \frac{1}{6}m(m+1)(2m+1) + (m+1)^2$$

$$= \frac{1}{6}(m+1)[m(2m+1) + 6(m+1)]$$

$$= \frac{1}{6}(m+1)(2m^2 + m + 6m + 6)$$

$$= \frac{1}{6}(m+1)(2m^2 + 7m + 6)$$

$$= \frac{1}{6}(m+1)(m+2)(2m+3),$$

故对任意的自然数 n, 有 $\sum\limits_{k=1}^{n} k^2 = \frac{1}{6}n(n+1)(2n+1)$.

评论 5　对于数学归纳法来说, 其归纳证明的过程并不难, 难的是如何知道 $\sum\limits_{k=1}^{n} k^2 = \frac{1}{6}n(n+1)(2n+1)$. 我们通常要使用归纳的方法. 归纳法不仅在数学上使用, 在自然科学、社会科学中也要使用归纳法.

我们对第一数学归纳法做如下的两个推广:

1) 跳跃归纳法

设 $T(n)$ 是一个关于自然数 n 的命题, 如果

(1) $T(k_0), T(k_0+1), T(k_0+2)$ 命题成立;

(2) 若 $T(k)$ 成立, 则 $T(k+3)$ 命题成立.

那么命题 $T(n)$ 对大于或等于 k_0 的所有自然数成立.

例 2　证明: 使用面值 3 分或 5 分的邮票, 可支付大于或等于 8 分的邮费.

证明　$8=5+3, 9=3+3+3, 10=5+5$, 假设 $n=k$ 时,

$$k = 5i+3j, \quad i \geqslant 0, j \geqslant 0, i,j \in \mathbf{N},$$

则

$$n = k+3 = 5i+3(j+1), \quad i \in \mathbf{N}, j+1 \in \mathbf{N},$$

即 $k+3$ 也能用 3 分与 5 分的邮票组成.

2) 反向归纳法

设 $T(n)$ 是一个关于自然数 n 的命题. 如果

(1) **存在任意大**的自然数 n_k, $T(n_k)$ 命题成立;

(2) 若 $T(k)$ 命题成立, 则 $T(k-1)$ 命题成立.

那么, 命题 $T(n)$ 对所有自然数 n 成立.

评论 6　在上述命题中, 什么叫做 "**存在任意大的自然数**"? 在现实世界中, 有任意大的物体吗? "存在任意大的" 表述在逻辑上是对立的统一体, 非常值得我们细细地去体会.

例 3 对于 $n \geqslant 1, x_1 > 0, x_2 > 0, \cdots, x_n > 0$, 有

$$(x_1 x_2 \cdots x_n)^{\frac{1}{n}} \leqslant \frac{1}{n}(x_1 + x_2 + \cdots + x_n).$$

证明 先来证明反向归纳法中的 (1), 即存在任意大的 n_k, 有

$$(x_1 x_2 \cdots x_{n_k})^{\frac{1}{n_k}} \leqslant \frac{1}{n_k}(x_1 + x_2 + \cdots + x_{n_k}).$$

事实上, $n_k = 2$ 时, 有

$$(x_1 x_2)^{\frac{1}{2}} \leqslant \frac{1}{2}(x_1 + x_2) \qquad\qquad (*)$$

成立, 这从图 2.1.1 即可看出. 其中, 圆的直径为 $x_1 + x_2$, DF 为半径 $\frac{1}{2}(x_1 + x_2)$, $CE \perp AB$. 可以证明 $CE = \sqrt{x_1 x_2}$, 故 $\sqrt{x_1 x_2} \leqslant \frac{1}{2}(x_1 + x_2)$, 其中 $\sqrt{x_1 x_2} = \frac{1}{2}(x_1 + x_2) \Leftrightarrow x_1 = x_2$.

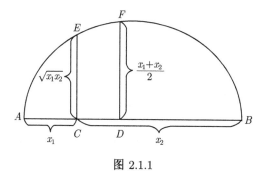

图 2.1.1

当 $n_2 = 2^2 = 4$ 时, 命题成立, 事实上

$$\begin{aligned}
(x_1 x_2 x_3 x_4)^{\frac{1}{4}} &= \left[(x_1 x_2)^{\frac{1}{2}}(x_3 x_4)^{\frac{1}{2}}\right]^{\frac{1}{2}} \\
&\leqslant \frac{1}{2}\left[(x_1 x_2)^{\frac{1}{2}} + (x_3 x_4)^{\frac{1}{2}}\right] \\
&\leqslant \frac{1}{2}\left[\frac{1}{2}(x_1 + x_2) + \frac{1}{2}(x_3 + x_4)\right] \\
&= \frac{1}{4}(x_1 + x_2 + x_3 + x_4).
\end{aligned}$$

同理可得, 当 $n_k = 2^k$ 时, 有

$$(x_1 x_2 \cdots x_{2^k})^{\frac{1}{2^k}} \leqslant \frac{1}{2^k}(x_1 + x_2 + \cdots + x_{2^k}).$$

再来证明 (2), 假设 $(x_1 x_2 \cdots x_k)^{\frac{1}{k}} \leqslant \dfrac{1}{k}(x_1 + \cdots + x_k)$, 往证

$$(x_1 x_2 \cdots x_{k-1})^{\frac{1}{k-1}} \leqslant \frac{1}{k-1}(x_1 + x_2 + \cdots + x_{k-1}).$$

事实上, 若令 $x_k = \dfrac{1}{k-1} \sum\limits_{i=1}^{k-1} x_i$, 则有

$$\left(x_1 x_2 \cdots x_{k-1} \cdot \frac{1}{k-1} \sum_{i=1}^{k-1} x_i \right)^{\frac{1}{k}} \leqslant \frac{1}{k} \left(x_1 + x_2 + \cdots + x_{k-1} + \frac{1}{k-1} \sum_{i=1}^{k-1} x_i \right)$$
$$= \frac{1}{k-1}(x_1 + x_2 + \cdots + x_{k-1}),$$
$$(x_1 x_2 \cdots x_{k-1})^{\frac{1}{k}} \leqslant \left(\frac{1}{k-1} \sum_{i=1}^{k-1} x_i \right)^{\frac{k-1}{k}},$$
$$x_1 x_2 \cdots x_{k-1} \leqslant \left(\frac{1}{k-1} \sum_{i=1}^{k-1} x_i \right)^{k-1},$$
$$(x_1 x_2 \cdots x_{k-1})^{\frac{1}{k-1}} \leqslant \frac{1}{k-1} \sum_{i=1}^{k-1} x_i,$$

即 $(x_1 \cdots x_{k-1})^{\frac{1}{k-1}} \leqslant \dfrac{1}{k-1} \sum\limits_{i=1}^{k-1} x_i$, 命题得证.

思考题　例 3 的证明方法是构造性的, 即造了一个数 x_k 是已知的 $k-1$ 个数的平均数. x_k 还有其他的选取方法吗?

2. 第二数学归纳法

设 $T(n)$ 是一个与自然数 n 有关的命题, 如果

(1) $T(k_0)$ 命题成立;

(2) 假设 $T(n)$ 对一切小于 $k(k > 1)$ 的自然数命题成立, 则 $T(k)$ 成立.

那么, $T(n)$ 对所有大于或等于 k_0 的自然数命题成立.

例 4　任意大于 1 的自然数都可分解成若干个质因数乘积的形式.

证明　(1) 对于 $k_0 = 2, 2 = 2, 2$ 是质因数, 即 2 可用质因数表出.

(2) 假设对于小于 k 的自然数都能表成若干个质因数乘积的形式, 对于自然数 k, 若 k 是质数, 则 $k = k$, 结论得证. 若 k 是合数, 则 $k = i \cdot j, 1 < i < k, 1 < j < k$, 由归纳假设

$$i = p_1 p_2 \cdots p_s, \quad j = q_1 q_2 \cdots q_t,$$

其中 $p_1, p_2, \cdots, p_s, q_1, q_2, \cdots, q_t$ 都是质数, 故

$$k = p_1 p_2 \cdots p_s q_1 q_2 \cdots q_t.$$

阅读材料　自然数之美

$$1 \times 8 + 1 = 9,$$

$$12 \times 8 + 2 = 98,$$

$$123 \times 8 + 3 = 987,$$

$$1234 \times 8 + 4 = 9876,$$

$$12345 \times 8 + 5 = 98765,$$

$$123456 \times 8 + 6 = 987654,$$

$$1234567 \times 8 + 7 = 9876543,$$

$$12345678 \times 8 + 8 = 98765432,$$

$$123456789 \times 8 + 9 = 987654321,$$

$$1 \times 9 + 2 = 11,$$

$$12 \times 9 + 3 = 111,$$

$$123 \times 9 + 4 = 1111,$$

$$1234 \times 9 + 5 = 11111,$$

$$12345 \times 9 + 6 = 111111,$$

$$123456 \times 9 + 7 = 1111111,$$

$$1234567 \times 9 + 8 = 11111111,$$

$$12345678 \times 9 + 9 = 111111111,$$

$$123456789 \times 9 + 10 = 1111111111,$$

$$9 \times 9 + 7 = 88,$$

$$98 \times 9 + 6 = 888,$$

$$987 \times 9 + 5 = 8888,$$

$$9876 \times 9 + 4 = 88888,$$

$$98765 \times 9 + 3 = 888888,$$

$$987654 \times 9 + 2 = 8888888,$$

$$9876543 \times 9 + 1 = 88888888,$$

$$98765432 \times 9 + 0 = 888888888.$$

2.2　整　数　集

(一)　什么是整数?

在自然数集中, 我们定义了加、减、乘、除四则运算. 自然数集对加法运算与乘法运算是封闭的, 但是对减法运算则不然. 在自然数集中, $1-2$ 是不能运算的, 因此, 人们探索是否能扩大自然数集, 使 $1-2$ 能够运算, 为此我们做一个新的集合

整数

$$\mathbf{Z} = \{\cdots, c, b, a, 0, 1, 2, \cdots, n, \cdots\}$$

$$= \mathbf{N} \cup \{a, b, c, \cdots\},$$

其中,

$a + 1 = 0$, 记 $a = -1$,　也称 a 与 1 互为**相反数**.

$b + 2 = 0$, 记 $b = -2$,　也称 b 与 2 互为相反数.

$c + 3 = 0$, 记 $c = -3$,　也称 c 与 3 互为相反数.

$$\cdots\cdots$$

我们称 $\mathbf{Z}$ 是**整数集**, $\mathbf{Z}$ 中的元素为**整数**.

在现实世界中, 是否存在一个物理量 a, 使得 $a + 1 = 0$ 呢?

看下面的例子. 在图 2.2.1 中, A 是一个弹簧秤, B, C 是两个水平位置的定滑轮, D, E 是两个悬挂的重物, 其中 E 为 1 千克重, D 为 a 千克重, 重物 D 与 E 的重力作用在弹簧秤上, 当 A 下落时, A 上的力变小, 当 A 与 B, C 处于同

一水平位置时, 且对于合适的 a, 弹簧秤处于稳定状态且受力为零, 即

$$a + 1 = 0.$$

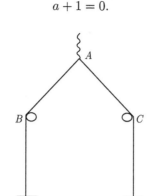

图 2.2.1

评论 1　在整数集的构造中, 使用抽象的方法给出, 即从运算的角度来添加新的元素. 不断扩充新的研究对象, 是所有学科具有的共同点. 只有这样, 学科才能发展.

在这里, 我们再一次看到数 "0" 的特殊作用.

思考题　-1 的实际意义是什么?

(二) 整数运算

我们已经知道, 在自然数集中, 对于加法与乘法, 以下算律成立.

加法交换律　$a + b = b + a$,

加法结合律　$(a + b) + c = a + (b + c)$,

乘法交换律　$a \cdot b = b \cdot a$,

乘法结合律　$(a \cdot b) \cdot c = a \cdot (b \cdot c)$,

乘法对加法的分配律　$a(b + c) = ab + ac$.

我们约定这五条运算律在整数集中仍成立.

注 1　请注意这一逻辑关系: 在自然数集中, 可以证明以上的算律. 在这里, 我们约定这些算律成立. 事实上, 对于整数, 这些算律成立也是可以证明的. 可以参考《现代数学与中学数学》中的相关介绍.

评论 2   做任何事情, 一定要明确出发点在哪里, 并且要保证出发点是正确的. 在这里, 我们的出发点是约定算律成立.

我们来讨论一些整数的运算, 先来讨论加法:

$$(-1) + (-1) + 2 = (-1) + (-1) + 1 + 1$$
$$= (-1) + [(-1) + 1] + 1$$
$$= (-1) + 0 + 1 = (-1) + 1 = 0,$$

故

$$(-1) + (-1) = -2,$$
$$(-2) + 3 = (-2) + 2 + 1$$
$$= [(-2) + 2] + 1$$
$$= 0 + 1 = 1,$$
$$(-3) + 2 = (-2) + (-1) + 2$$
$$= [(-2) + 2] + (-1)$$
$$= 0 + (-1) = -1.$$

行文至此, 只讨论了任意两个整数的加法运算, 减法运算由后续的定义 2.2.1 来定义的.

再来讨论乘法:

$$(-1) \times n = \underbrace{(-1) + (-1) + \cdots + (-1)}_{n\text{个}} = -n.$$

特别地, 有

$$(-1) \times 1 = -1, \quad 1 \times (-1) = (-1) \times 1 = -1.$$

问题 $(-1) \times (-1) = ?$

事实上

$$0 = 0 \times 0 = [(-1) + 1] \times [(-1) + 1]$$
$$= (-1) \times (-1) + (-1) \times 1 + 1 \times (-1) + 1 \times 1$$
$$= (-1) \times (-1) + (-1) + (-1) + 1$$

$$= (-1) \times (-1) + (-1) + [(-1) + 1]$$
$$= (-1) \times (-1) + (-1),$$

由此式可得

$$(-1) \times (-1) = 1.$$

有了上面的讨论, 我们可以对任意两个整数做乘法运算.

定义 2.2.1 设 a, b, c 是整数, 若 $a + b = c$, 则称 a 是 c 与 b 之差, 记作 $a = c - b$, 称 c 为 **被减数**, 称 b 为 **减数**, 求差的运算叫做 **减法**.

现在我们就是要回答: 在整数集中是否能计算 $1 - 2$?

定理 2.2.1 对于任意给定的整数 b 与 c, 存在唯一的整数 a, 使得 $a + b = c$. 事实上, 选取 $a = c + (-b)$, 则有 $a + b = c + (-b) + b = c$.

由此, 我们得到

$$c - b = a = c + (-b),$$

即 **一个整数减去另一个整数等于这个整数加上另一个整数的相反数.**

现在可以回答前面提出的问题, 即

$$1 - 2 = 1 + (-2) = -1.$$

在整数集中也可以定义除法如下.

定义 2.2.2 若 a, b, c 是非零整数, $a \cdot b = c$, 则称 a 是 c 与 b 之商, 记作 $a = c \div b$, 称 c 为 **被除数**, b 是 **除数**, 求商的运算叫做 **除法**.

在整数集中, 我们可以 **规定一个大小的序**:

$$\cdots < -3 < -2 < -1 < 0 < 1 < 2 < 3 < \cdots.$$

当然, 我们也可以用另外的方式规定序. 在不加说明的情况下, 人们通常都以上面的序为序.

评论 3 序是人们规定的. 在人类社会中, 有序是重要的. 若没有了序, 社会将是一片混乱, 那是人类的灾难. 同样, 在一个人的工作中, 人们都期望紧张而又有秩序的工作. 如果没了序, 可能是手忙脚乱, 事倍功半.

2.3 有理数集

(一) 什么是有理数?

在整数集中, 我们定义了加、减、乘、除四则运算. 整数集对加法运算、减法运算、乘法运算是封闭的, 但是对除法运算则不然. 在整数集中, $1 \div 2$ 是不能运算的. 为此, 我们做一个新的集合

有理数

$$\mathbf{Q} = \mathbf{Z} \cup \{a, b, c, \cdots\},$$

其中, 对于自然数 $n \geqslant 1$, $\underbrace{a + a + \cdots + a}_{n \text{ 个}} = a \cdot n = 1$, 则称 $a = \dfrac{1}{n}$, 也称 a 与 n

互为**倒数**.

若 m 是自然数, 则

$$b = \underbrace{\frac{1}{n} + \frac{1}{n} + \cdots + \frac{1}{n}}_{m \text{ 个}} = \frac{1}{n} \cdot m = \frac{m}{n}.$$

若 $c + \dfrac{m}{n} = 0$, 则称 $c = -\dfrac{m}{n}$. 做集合

$$\mathbf{Q} = \left\{ \frac{m}{n} \,\middle|\, n \in \mathbf{N}_+, m \in \mathbf{Z} \right\}.$$

我们称 $\mathbf{Q}$ 为**有理数集**, 称 $\mathbf{Q}$ 中的元素 $\dfrac{m}{n}$ 为**有理数**, 也称之为**分数**, 称 m 为**分子**, 称 n 为**分母**.

评论 1 在 $\dfrac{1}{n}$ 的定义中, "1" 起到了与 "0" 相同的作用. 用 "0" 定义了相反数, 用 "1" 定义了倒数. "1" 在乘法运算中的作用与 "0" 在加法运算中的作用是相同的. 类比地认识新事物是人们常用的一种方法.

对于 $\dfrac{1}{n}$, 当 n 很大时, $\dfrac{1}{n}$ 很小. 当 n 充分大时, $\dfrac{1}{n}$ 充分小, 接近于 0 (0 表

示没有任何事物, 即为无). 但是, $\dfrac{1}{n} + \cdots + \dfrac{1}{n} = 1$ (n 个 $\dfrac{1}{n}$ 相加). 这可以理解成老子的 "有生于无".

我们也可以从数学的角度来理解这一哲学观点, 即事物是无限可分的.

(二) 有理数的运算

定义 2.3.1 设 $\dfrac{m}{n}, \dfrac{l}{k} \in \mathbf{Q}$, 则称 $\dfrac{mk + nl}{nk} \in \mathbf{Q}$ 是 $\dfrac{m}{n}$ 与 $\dfrac{l}{k}$ 的和, 记作

$$\frac{m}{n} + \frac{l}{k} = \frac{mk + nl}{nk},$$

求和的运算叫做**加法**.

注 1 在上式中, 当 $k = n$ 时, $\dfrac{m}{n} + \dfrac{l}{n} = \dfrac{1}{n} \cdot m + \dfrac{1}{n} \cdot l = (m + l) \cdot \dfrac{1}{n} = \dfrac{m + l}{n}$.

注 2 $\dfrac{2}{4} + \dfrac{2}{4} = \dfrac{2}{4} \times 2 = 1$, 且 $\dfrac{1}{2} + \dfrac{1}{2} = \dfrac{1}{2} \times 2 = 1$, 由此可以得 $\dfrac{2}{4} = \dfrac{1}{2}$.

分数的基本性质 一个分数, 分子与分母扩大或缩小同一个非零的倍数, 分数值不变.

问题 $\dfrac{1}{2}$ 与 $\dfrac{50}{100}$ 有没有不同之处?

看下面的实际问题: 篮球运动员甲投篮两次, 命中一次, 我们能否下结论 "运动员甲的投篮命中率是 50%"? 篮球运动员乙投篮 100 次, 命中 50 次, 我们能否下结论 "运动员乙的投篮命中率是 50%"?

答案都是否定的, 两个运动员的投篮试验结果称为**频率**, 而命中率是概率, 试验的次数越多, 频率逼近概率的可靠性越大. 因此, 在统计学中, 频率 $\dfrac{1}{2}$ 与频率 $\dfrac{50}{100}$ 是不同的.

注 3 $\dfrac{1}{2} + \dfrac{1}{3} = 3 \times \dfrac{1}{6} + 2 \times \dfrac{1}{6} = (3 + 2) \times \dfrac{1}{6} = \dfrac{5}{6}$.

上式说明, 两个分数的加法运算是找到了一个最大的**公共单位** (此例的最大公共单位是 $\dfrac{1}{6}$) 后, 变成了**整数的加法运算**, 即将分数的运算问题转化成整数的运算.

进一步地, 我们可以说: 两个数能够进行加法运算当且仅当能够找到一个公共单位. 换句话说, 若两个数找不到公共单位, 则不能运算.

上面的讨论也可用于有理数大小的比较, 例如 $\frac{1}{2}$ 与 $\frac{1}{3}$ 的大小关系如何? 因

$$\frac{1}{2} = 3 \times \frac{1}{6}, \quad \frac{1}{3} = 2 \times \frac{1}{6}, \quad 3 \times \frac{1}{6} > 2 \times \frac{1}{6},$$

故 $\frac{1}{2} > \frac{1}{3}$.

注 4　数学中经常使用的一个基本方法是变换, $\frac{1}{2}$ 与 $\frac{1}{3}$ 直接比较大小是很难的, 当我们用 $\frac{1}{6}$ 把 $\frac{1}{2}$ 与 $\frac{1}{3}$ 表出后, 其大小的比较转化为**自然数的大小的比较**.

评论 2　在解决数学问题的过程中, 我们常常要考虑如何将一个新问题转化成过去熟悉的问题. 这一转化的思想方法不仅在数学中有用, 在其他学科中也是有用的, 甚至包括在实际生活中, 我们遇到的新问题都力争与原有的问题建立联系, 将新问题转化成已经会解决的问题.

定义 2.3.2　设 $\frac{m}{n}, \frac{l}{k} \in \mathbf{Q}$, 那么称 $\frac{ml}{nk} \in \mathbf{Q}$ 是 $\frac{m}{n}$ 与 $\frac{l}{k}$ 的**积**, 记作

$$\frac{m}{n} \cdot \frac{l}{k} = \frac{ml}{nk},$$

求有理数积的运算叫**乘法**.

定理 2.3.1　对于 $b, c \in \mathbf{Q}$, 存在唯一的 $a \in \mathbf{Q}$, 使 $a + b = c$; 对于 $b \neq 0$, 存在唯一的 $d \in \mathbf{Q}$, 使 $d \cdot b = c$.

证明　我们设 $b = \frac{m}{n}, c = \frac{l}{k}$, 我们选取 $a = \frac{ln - mk}{nk} \in \mathbf{Q}$, 则

$$a + b = \frac{ln - mk}{nk} + \frac{m}{n}$$
$$= \frac{ln - mk + mk}{nk} = \frac{l}{k} = c.$$

我们选取 $d = \frac{ln}{km} \in \mathbf{Q}$, 则

$$d \cdot b = \frac{ln}{km} \cdot \frac{m}{n} = \frac{lmn}{kmn} = \frac{l}{k} = c.$$

定义 2.3.3　若有理数 a, b, c 满足关系 $a + b = c$, 则称 a 是 c 与 b 之**差**, 记作 $a = c - b$, 求差的运算叫做**减法**.

定义 2.3.4　若非零有理数 a, b, c 满足关系 $a \cdot b = c$, 则称 a 是 c 与 b 之商, 记作 $a = c \div b$, 求商的运算叫做**除法**.

注 5　定理 2.3.1 表明, 在 **Q** 中, 四则运算是封闭的.

定义 2.3.5　对于 $m, n \in \mathbf{N}_+$, 规定 $\dfrac{m}{n} > 0$, $\forall a, b \in \mathbf{Q}$, 规定 $a > b$ 当且仅当 $a - b > 0$.

评论 3　不同于定义 2.3.5, 也可以用 $\dfrac{a}{b} > 1$ 来定义 $a > b$. 用多种方式来刻画同一事物, 自然就会刻画得更深刻. 要学会多视角看同一事物. 人的视野宽与窄, 其决定因素之一是视角的多与少.

(三) 有理数集的性质

在自然数集中, 1 是与 0 最近的数, 0 与 1 之间再没有其他的自然数, 但有理数集则不同.

定理 2.3.2　任意两个有理数之间至少存在一个有理数.

事实上, 设 $a, b \in \mathbf{Q}$, 且 $a < b$. 不妨设 $a = \dfrac{m}{n}, b = \dfrac{l}{k}, n \neq 0, k \neq 0$, 则

$$\frac{1}{2}(a + b) = \frac{1}{2}\left(\frac{m}{n} + \frac{l}{k}\right) = \frac{1}{2nk}(mk + nl) \in \mathbf{Q}$$

且

$$a = \frac{1}{2}(a + a) < \frac{1}{2}(a + b) < \frac{1}{2}(b + b) = b.$$

注 6　由定理 2.3.2 可知, 任意两个有理数之间有无穷多个有理数, 特别地, 在 $(0, 1)$ 中有无穷多个正的有理数, 但没有最小的正有理数.

定义 2.3.6　若集合 A 与自然数集 **N** 有关系 $A \sim \mathbf{N}$, 则称 A 是**可列的**.

定理 2.3.3　$[0, 1)$ 中的有理数是可列的.

事实上, 我们可以用如下的方式将 $[0, 1)$ 中全体有理数排列起来:

$$0, \frac{1}{2}, \frac{1}{3}, \frac{2}{3}, \frac{1}{4}, \frac{3}{4}, \frac{1}{5}, \frac{2}{5}, \frac{3}{5}, \frac{4}{5}, \frac{1}{6}, \frac{5}{6},$$

$$\frac{1}{7}, \frac{2}{7}, \frac{3}{7}, \frac{4}{7}, \frac{5}{7}, \frac{6}{7}, \frac{1}{8}, \frac{3}{8}, \frac{5}{8}, \frac{7}{8}, \cdots.$$

$[0, 1)$ 中的任一有理数一定出现在上面数列中的某一项.

注 7　从定理 2.3.3 出发, 我们可以证明 $\mathbf{Q} \sim \mathbf{N}$. 特别要注意的是: 在定理 2.3.3 的证明中, 其有理数不是按照大小排列的.

思考题　$[0, 2]$ 中的全体有理数如何排列起来?

(四) 有理数的小数表示

在数的表示中, 我们还经常使用小数的形式. 例如, 1 角钱记作 0.1 元, 12 厘米记作 0.12 米, 135 公斤记作 0.135 吨. 我们记

分数与小数

$$0.1 = \frac{1}{10} = 1 \times 10^{-1},$$
$$0.12 = \frac{12}{100} = 1 \times 10^{-1} + 2 \times 10^{-2},$$
$$0.135 = \frac{135}{1000} = 1 \times 10^{-1} + 3 \times 10^{-2} + 5 \times 10^{-3}.$$

我们将分母为 10^k 的分数表示的小数称为**有限小数**, 事实上, 当 $n = 2^k \cdot 5^l$ 为分母时, 有

$$\frac{m}{n} = \frac{m}{2^k \cdot 5^l} = \frac{1}{10^{k+l}} \cdot m \cdot 2^l \cdot 5^k$$

可用有限小数表出. 当 n 与 10 互质时, 看几个具体的例子

$$\frac{1}{3} = 0.333\cdots = 0.\dot{3},$$
$$\frac{1}{7} = 0.142857142857\cdots = 0.\dot{1}4285\dot{7}.$$

此类小数称为**纯无限循环小数**, 当 n 与 10 的公约数大于 1 时, 如 $n = 6 = 2 \times 3$ 或 $n = 15 = 5 \times 3$ 时, 有

$$\frac{1}{6} = \frac{1}{2} \times \frac{1}{3} = \frac{1}{10} \times \frac{5}{3} = \frac{1}{10} \times \left(1 + \frac{2}{3}\right)$$
$$= \frac{1}{10} \times (1.666\cdots) = 0.1666\cdots = 0.1\dot{6},$$
$$\frac{1}{15} = \frac{1}{5} \times \frac{1}{3} = \frac{1}{10} \times \frac{2}{3} = 0.0666\cdots = 0.0\dot{6}.$$

此类小数称为**混无限循环小数**, 我们将纯无限循环小数与混无限循环小数统称为**无限循环小数**.

反之, 任一无限循环小数一定能化成一个分数. 例如, 我们将无限循环小数 $0.4\dot{2}$ 化成一个分数. 为此, 设 $a = 0.4\dot{2}$, 则

$$a = 0.4\dot{2} = 0.42 + 0.004\dot{2}$$
$$= 0.42 + \frac{1}{100} \times 0.4\dot{2}$$

$$= 0.42 + \frac{1}{100}a,$$

解得

$$a = \frac{42}{99}.$$

综合上面的讨论, 我们可以用小数来定义有理数, 即称**有限小数或无限循环小数为有理数**.

对于任意给定的有理数

$$c = b_n b_{n-1} \cdots b_1 b_0 . a_1 a_2 \cdots a_m,$$

其整数部分为 $b_n b_{n-1} \cdots b_1 b_0$, 其小数部分为 $0.a_1 a_2 \cdots a_m$. 在这里, $b_i, a_k \in \{0, 1, 2, \cdots, 9\}, i = 0, 1, \cdots, n, b_n \neq 0, k = 1, 2, \cdots, m$, 我们可以将 c 表示为

$$c = b_n \cdot 10^n + b_{n-1} \cdot 10^{n-1} + \cdots + b_1 \cdot 10^1 + b_0 \cdot 10^0$$
$$+ a_1 \cdot 10^{-1} + a_2 \cdot 10^{-2} + \cdots + a_m \cdot 10^{-m}, \tag{1}$$

这就是一个数的十进制表示.

注 8 (1) 式是一个非常重要的表达式, 有理数非常多, $c = b_n b_{n-1} \cdots b_1 b_0 . a_1 a_2 \cdots a_m$, 但都用 10^j 的形式表出.

也许是由于人有 "十" 个手指的原因, 加之 "屈指" 计数的缘故, 人们习惯于 "十进制" 的计数, 如

$$十个一 = 一十,$$
$$十个十 = 一百,$$
$$十个百 = 一千,$$
$$十个千 = 一万,$$

但也有非十进制的例子, 如

$$60 \text{ 秒} = 1 \text{ 分钟}, \quad 60 \text{ 分钟} = 1 \text{ 小时}.$$

这是 60 进制的例子. 在计算机科学中, 采用二进制进行运算, 二进制数的表示, 如同 (1) 式一样, 对于十进制中的 $c = 12.75$, 用二进制可表示为

$$c = 1.2^3 + 1.2^2 + 0.2^1 + 0.2^0 + 1.2^{-1} + 1.2^{-2}$$

$$= 1100.11.$$

注 9　上式有理数 c 不是用 10^k 形式表出, 而是用 2^k 的形式表出.

思考题　两个不同进制的数如何相加?

2.4　实　数　集

(一) 实数的定义

我们已经知道, 在有理数集 **Q** 中, 四则运算是封闭的, 我们问: 有理数集是否满足了人们的需要? 是否还需要新的数? 考察下面的问题:

实数

给出两个边长为 1 的正方形, 沿对角线剪开 (图 2.4.1), 拼成一个新的正方形, 边长为图 2.4.1 中正方形的对角线长为 x, 大正方形的面积为 $x^2 = 2$ (图 2.4.2), 求 x 的长度.

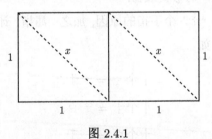

图 2.4.1

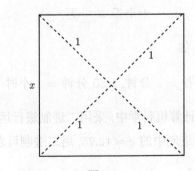

图 2.4.2

我们来证明: x 不是有理数.

采用反证法: 假设 x 是有理数, 即 $x = \dfrac{m}{n}$, 且 n 与 m 互质, 即没有公约数, 从而有 $m^2 = 2n^2$, $2n^2$ 是偶数, 即 m^2 是偶数, 从而 m 是偶数. 设 $m = 2k$, 有 $4k^2 = m^2 = 2n^2$, 即 $2k^2 = n^2$, 得 n 是偶数. 设 $n = 2l$, 从而有

$$x = \frac{m}{n} = \frac{2k}{2l} = \frac{k}{l},$$

这和 m 与 n 互质矛盾, 矛盾表明, x 不是有理数.

我们在数轴上来讨论. 如图 2.4.3 所示, 设数轴的原点表示为 O, 若 OA 的长度能用有理数表出, 则称 A 为**有理点**, 若 OB 的长度不能用有理数表出, 则称 B 为**无理点**.

图 2.4.3

我们在数轴上任取一点 C, 则 C 点要么是有理点, 要么是无理点.

定义 2.4.1 称无限循环小数是**有理数**, 称无限不循环小数为**无理数**, 有理数与无理数统称为**实数**, 用 $\mathbf{R}$ 表示全体实数.

注 1 有限小数可以看成是以 0 为循环节的无限循环小数, 因此有理数既可以用分数表出, 也可以用无限循环小数来表出.

注 2 由上面讨论可以看出, 实数与数轴上的点一一对应.

(二) 实数的运算

为了说清楚实数的运算, 我们有必要来讨论极限的相关内容.

定义 2.4.2 数列 $\{a_n\}$ 是有理数列且 a 为实数, 对于任意的有理数 $\varepsilon > 0$, 存在自然数 N, 当 $n > N$ 时, 有

$$|a_n - a| < \varepsilon,$$

则称数列 $\{a_n\}$ 以 a 为**极限**, 记作 $\lim\limits_{n \to \infty} a_n = a$. 也称数列 $\{a_n\}$ 收敛, 并收敛于 a.

关于极限, 在后面的章节中, 我们会深入讨论, 这里给出下面的定理.

定理 2.4.1 对于任意的 $a \in \mathbf{R} \backslash \mathbf{Q}$, 存在有理数列 $\{a_n\} \subset \mathbf{Q}$, 使得

$$\lim\limits_{x \to \infty} a_n = a.$$

事实上, 对于 $a \in \mathbf{R} \backslash \mathbf{Q}$,

$$a = a_0.a_1a_2a_3 \cdots a_n \cdots,$$

选取数列 $\{a^{(n)}\} \subset \mathbf{Q}$,

$$a^{(0)} = a_0, \quad a^{(1)} = a_0.a_1,$$

$$a^{(2)} = a_0.a_1a_2, \quad \cdots, \quad a^{(n)} = a_0.a_1a_2 \cdots a_n, \quad \cdots.$$

对于任意给定的有理数 $\varepsilon > 0$, 存在 N, 使 $10^{-N} < \varepsilon$. 当 $n > N$ 时,

$$\left| a^{(n)} - a \right| = \left| 0.0 \cdots 0a_{n+1}a_{n+2} \cdots \right| < 10^{-n} < 10^{-N} < \varepsilon,$$

故 $\lim\limits_{n \to \infty} a^{(n)} = a$.

注 3　定理 2.4.1 表明, 对于任一无理数都存在一个有理数列, 使该有理数列逼近到该无理数.

我们来讨论两个实数 x, y,

$$x = x_0.x_1x_2 \cdots x_n \cdots,$$

$$y = y_0.y_1y_2 \cdots y_n \cdots$$

的四则运算. 令

$$x^{(n)} = x_0.x_1x_2 \cdots x_n,$$

$$y^{(n)} = y_0.y_1y_2 \cdots y_n,$$

且定义

$$a_n = x^{(n)} + y^{(n)},$$

$$b_n = x^{(n)} - y^{(n)},$$

$$c_n = x^{(n)} \cdot y^{(n)}.$$

当 $y \neq 0$ 时, 存在 N_0, 当 $n > N_0$ 时, $y^{(n)} \neq 0$,

$$d_n = \frac{x^{(n)}}{y^{(n)}}.$$

可以证明 $\{a_n\}, \{b_n\}, \{c_n\}$ 和 $\{d_n\}$ 都存在极限, 设其极限是 a, b, c 与 d, 我们称其为 x 与 y 的和、差、积与商, 即记作

$$a = x + y, \quad b = x - y, \quad c = x \cdot y, \quad d = x \div y.$$

对于四则运算, 实数集 $\mathbf{R}$ 是封闭的.

评论 1　逼近的思想是重要的. 我们不能把一个无理数完整地写出来, 但可以在误差允许的范围内, 用有理数代替它. 在现实生活中, 我们常常不能得到最好的结果, 则争取得到次好的结果.

许多事情, 它原本就没有最好的, 只有更好的.

对于前面讨论的实数 x, y, 我们如下定义大小.

定义 2.4.3　对于实数 x 与 y, 若存在 $\varepsilon_0 > 0$, 存在 N_0, 当 $n > N_0$ 时, 有

$$x_n - y_n > \varepsilon_0,$$

则称 $x > y$.

思考题　(1) 如何计算 $\sqrt{2} + \sqrt{3} =$?

(2) 两个无理数的和一定是无理数吗?

(三) 实数集 $\mathbf{R}$ 的性质

为了认识清楚实数集 $\mathbf{R}$ 的性质, 我们考察如下的数列:

$$a_1 = 1, \quad a_n = \frac{1}{2}\left(a_{n-1} + \frac{2}{a_{n-1}}\right), \quad n = 2, 3, \cdots. \tag{1}$$

显然, $a_n \in \mathbf{Q}$,

容易看到, 数列 (1) 有下界, 即

$$a_n = \frac{1}{2}\left(a_{n-1} + \frac{2}{a_{n-1}}\right) \geqslant \left(a_{n-1} \cdot \frac{2}{a_{n-1}}\right)^{\frac{1}{2}} = \sqrt{2},$$

同时,

$$a_{n+1} - a_n = \frac{1}{2}\left(a_n + \frac{2}{a_n} - 2a_n\right)$$
$$= \frac{1}{a_n} - \frac{a_n}{2} = \frac{1}{2a_n}\left(2 - a_n^2\right) \leqslant 0,$$

即有 $a_{n+1} \geqslant a_n$, 称数列 (1) 为单调减少且有下界的数列.

基本事实 单调减少 (增加) 且有下 (上) 界的数列收敛.

可见, 数列 (1) 收敛. 设 $\lim\limits_{n\to\infty} a_n = a$, 则有

$$
\begin{aligned}
a = \lim_{n\to\infty} a_n &= \lim_{n\to\infty} \frac{1}{2}\left(a_{n-1} + \frac{2}{a_{n-1}}\right) \\
&= \frac{1}{2}\left(\lim_{n\to\infty} a_{n-1} + \frac{2}{\lim\limits_{n\to\infty} a_{n-1}}\right) \\
&= \frac{1}{2}\left(a + \frac{2}{a}\right),
\end{aligned}
$$

解得 $a = \sqrt{2}$, 即 $\lim\limits_{n\to\infty} a_n = \sqrt{2} \in \mathbf{R}\backslash\mathbf{Q}$.

定义 2.4.4 对于集合 A, 若任意的收敛数列 $\{a_n\} \subset A, a_n$ 收敛于 a 有 $a \in A$, 则称 A 为完备集.

注 4 数列 (1) 表明, 有理数集 $\mathbf{Q}$ 不是完备集.

定理 2.4.2 实数集 $\mathbf{R}$ 是完备集.

阅读材料 实数发展简史

无理数的发现, 击碎了毕达哥拉斯学派 "万物皆数" 的美梦, 同时暴露出有理数系的缺陷: 一条直线上的有理数尽管 "稠密", 但是它却漏出了许多 "孔隙", 而且这种 "孔隙" 多得 "不可胜数". 这样, 古希腊人把有理数视为是连续衔接的那种算术连续统的设想, 就彻底地破灭了. 它的破灭, 在以后两千多年时间内, 对数学的发展, 起到了深远的影响. 不可通约的本质是什么? 长期以来众说纷纭. 两个不可通约量的比值也因其得不到正确的解释, 而被认为是不可理喻的数. 虽然在后来的运算中渐渐被使用, 但是它们究竟是不是实实在在的数, 却一直是个困扰人的问题.

17、18 世纪微积分的发展几乎吸引了所有数学家的注意力, 恰恰是人们对微积分基础的关注, 使得实数域的连续性问题再次突显出来. 因为, 微积分是建立在极限运算基础上的变量数学, 而极限运算, 需要一个封闭的数域. 无理数正是实数域连续性的关键.

变量数学独立建造完备数域的历史任务, 终于在 19 世纪后半叶, 由魏尔斯特拉斯 (K. Weierstrass, 1815—1897)、戴德金 (R.Dedekind 1831—1916)、康托尔等人完成了. 1872 年是近代数学史上最值得纪念的一年. 这一年, F. 克莱因

(F.Klein, 1849—1925) 提出了著名的"埃尔朗根纲领"(Erlangen Program), 魏尔斯特拉斯给出了处处连续但处处不可微函数的著名例子. 也正是在这一年, 实数的三大派理论: 戴德金"分割"理论, 康托尔的"基本序列"理论, 以及魏尔斯特拉斯的"有界单调序列"理论, 同时在德国出现了.

努力建立实数的目的, 是为了给出一个形式化的逻辑定义. 有了这些定义做基础, 微积分中关于极限的基本定理的推导, 才不会有理论上的循环. 导数和积分从而可以直接在这些定义上建立起来, 免去任何与感性认识联系的性质. 这里, 戴德金的工作得到了崇高的评价, 这是因为, 由"戴德金分割"定义的实数, 是完全不依赖于空间与时间直观的人类智慧的创造物.

实数的三大派理论本质上是对无理数给出严格定义, 从而建立完备的实数域. 实数域的构造成功, 使得两千多年来存在于算术与几何之间的鸿沟得以完全填平, 无理数不再是"无理的数"了, 古希腊人的算术连续统一的设想, 也终于在严格的科学意义下得以实现.

2.5 复 数 集

(一) 复数的定义

复数

对于 $x \in \mathbf{R}$, 显然有 $x^2 \geqslant 0$, 因此, 方程

$$x^2 + 1 = 0 \tag{1}$$

在实数集中无解. 为求解方程 (1), 我们有必要进一步扩大实数集.

定义 2.5.1 记 $i^2 = -1$, 称 i 为**虚数单位**.

注 1 在数学的发展史中, i 被视为虚无缥缈的数, 故被称为虚数.

定义 2.5.2 称 $z = a + ib$ 为**复数**, 其中 a, b 是实数, 称 a 为复数 z 的**实部**, b 为复数 z 的**虚部**. 称 $z = a - ib$ 为复数 $z = a + ib$ 的**共轭复数**.

如图 2.5.1, 设实轴正向与复数

$$z = a + ib$$

所对应的向量 $\overrightarrow{Oz}$ 的夹角为 θ, 称 θ 为复数 z 的**辐角**.

$$\theta = \operatorname{Arctan} \frac{b}{a},$$

称 $r = \sqrt{a^2 + b^2}$ 为复数 $z = a + \mathrm{i}b$ 的**模**.

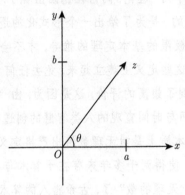

图 2.5.1

若复数 $z = a + \mathrm{i}b$ 的模为 r, 辐角为 θ, 则 z 可以表示为

$$z = r(\cos\theta + \mathrm{i}\sin\theta).$$

引理 2.5.1　(欧拉公式)

$$\mathrm{e}^{\mathrm{i}\theta} = \cos\theta + \mathrm{i}\sin\theta.$$

由欧拉公式, 我们有

$$z = r(\cos\theta + \mathrm{i}\sin\theta) = r\mathrm{e}^{\mathrm{i}\theta}.$$

注 2　在 4.2 节, 我们将给出 e 的定义. e(e = 2.718281828···) 是一个无理数, π 是一个无理数, i 是个虚数. 0 与 1 是自然数中最重要的两个数. 从欧拉公式, 我们有

$$\mathrm{e}^{\mathrm{i}\pi} + 1 = 0.$$

这是一个多么神奇的等式啊!

(二) 复数的运算

设复数 $z_1 = a_1 + \mathrm{i}b_1, z_2 = a_2 + \mathrm{i}b_2$, 规定

$$z_1 + z_2 = (a_1 + a_2) + \mathrm{i}(b_1 + b_2),$$

$$z_1 \cdot z_2 = (a_1a_2 - b_1b_2) + \mathrm{i}(a_1b_2 + a_2b_1).$$

几何意义　两个复数的加法满足平行四边形法则, 即 $z_1 + z_2$ 是以 z_1 与 z_2 为邻边所做的平行四边形的对角线, 如图 2.5.2 所示.

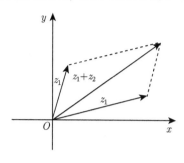

图 2.5.2

关于两个复数的乘法, 我们从复数的指数形式看其几何意义.

记 $z_1 = r_1\mathrm{e}^{\mathrm{i}\theta_1}$, $z_2 = r_2\mathrm{e}^{\mathrm{i}\theta_2}$, 则

$$z_1 \cdot z_2 = r_1 \cdot r_2\mathrm{e}^{\mathrm{i}(\theta_1+\theta_2)}.$$

特别地, 当 $r_2 = 1$ 时, 有

$$z_1 \cdot z_2 = r_1\mathrm{e}^{\mathrm{i}(\theta_1+\theta_2)}.$$

如图 2.5.3 所示, $z_1 \cdot z_2$ 就是将复数 z_1 旋转了 θ_2 的角度.

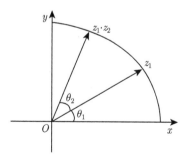

图 2.5.3

由减法是加法的逆运算, 除法是乘法的逆运算即可得

$$z_1 - z_2 = (a_1 - a_2) + \mathrm{i}(b_1 - b_2).$$

当 $z_2 = a_2 + \mathrm{i}b_2 = r_2\mathrm{e}^{\mathrm{i}\theta_2} \neq 0$ 时, 有

$$\frac{z_1}{z_2} = \frac{a_1a_2 + b_1b_2}{a_2^2 + b_2^2} + \mathrm{i}\frac{a_2b_1 - a_1b_2}{a_2^2 + b_2^2} = \frac{r_1}{r_2}\mathrm{e}^{\mathrm{i}(\theta_1 - \theta_2)}.$$

定理 2.5.1 设 z 是任意复数, 当 $z \neq 0$ 时, 存在 n 个且仅有 n 个不同的复数 $w_k(k = 0, 1, \cdots, n-1)$, 使

$$w_k^n = z;$$

当 $z = 0$ 时, 只有一个复数 $w = 0$ 使 $w^n = z$.

证明 先来讨论 $z \neq 0$, 则 $z = r\mathrm{e}^{\mathrm{i}\theta} = r\mathrm{e}^{\mathrm{i}(\theta + 2k\pi)}$. 取

$$w_k = r^{\frac{1}{n}}\mathrm{e}^{\mathrm{i}\frac{1}{n}(\theta + 2k\pi)} = r^{\frac{1}{n}}\left(\cos\frac{\theta + 2k\pi}{n} + \mathrm{i}\sin\frac{\theta + 2k\pi}{n}\right),$$

其中 k 是任意自然数. 显然有 $w_k^n = z$.

下面证明, w_k 只有 n 个不同值.

令 $k = 0, 1, 2, \cdots, n-1$, 得到 n 个不同的复数. 事实上, 这 n 个复数是半径为 $r^{\frac{1}{n}}$ 的圆周上辐角依次相差 $\dfrac{2\pi}{n}$ 的 n 个复数. 因此, 它们两两不同.

对于任意数 $k > n-1$, 有自然数 ℓ 与 s 满足

$$k = \ell n + s, \quad 0 \leqslant s \leqslant n-1,$$

于是有

$$\begin{aligned}
w_k &= r^{\frac{1}{n}}\left[\cos\left(\frac{\theta}{n} + \frac{2k\pi}{n}\right) + \mathrm{i}\sin\left(\frac{\theta}{n} + \frac{2k\pi}{n}\right)\right] \\
&= r^{\frac{1}{n}}\left[\cos\left(\frac{\theta}{n} + \frac{2s\pi}{n} + 2\ell\pi\right) + \mathrm{i}\sin\left(\frac{\theta}{n} + \frac{2s\pi}{n} + 2\ell\pi\right)\right] \\
&= r^{\frac{1}{n}}\left[\cos\left(\frac{\theta}{n} + \frac{2s\pi}{n}\right) + \mathrm{i}\sin\left(\frac{\theta}{n} + \frac{2s\pi}{n}\right)\right] = w_s,
\end{aligned}$$

这就证明了 w_k 只有 n 个不同的值.

当 $z = 0$ 时, 显然仅有 $0^n = 0$.

思考题 $x^6 + 1 = 0$ 的解是什么?

评论 1 数系是从自然数集逐步扩充到整数集、有理数集、实数集、复数集. 每一次扩充, 都是为了解决问题的需要, 但每一次扩充都丢失了原数集的一种性质.

集合越大, 具有的性质就越少. 这就是普遍性与特殊性的对立统一.

人们也常常沿着相反的方向开展工作. 从一个大的集合中选择一些元素, 组成一个小的集合. 在这个小的集合中发现其独特的性质.

2.6 代 数 式

(一) 字母进入了数学

远古时代, 人们对数学的认识仅限于计数与运算, 数学的对象是具体的, 固定不变的, 如

$$3 \text{ 个鸡蛋} + 4 \text{ 个鸡蛋},$$

人们认识的对象是鸡蛋, 是 3 加 4.

随着时间的推移, 人们对数学的认识不断地发生变化. 例如: 商店出售铅笔, 每支 0.8 元, 售货员为了方便, 列表如表 2.6.1.

表 2.6.1

铅笔支数	1	2	3	4	5	6	7
售价/元	0.8	1.6	2.4	3.2	4.0	4.8	5.6

数学上为了更简洁地表达表 2.6.1, 引入如下的表达式:

$$y = 0.8x,$$

在这里, 字母 x 不是具体数, 而是一个可以变化的量, $x \in \mathbf{N}$ 代表铅笔的支数, 0.8 与 x 是相乘的关系, y 表示销售的金额.

数学研究的数量关系, 不仅有表示数量的数字符号, 还有代表某种固定含义的概念性符号. 按照一定的数学法则, 产生了**把数学符号连接起来的符号串**, 如

$$0.8x, \quad 2y, \quad 0.8x + 2y, \quad \cdots,$$

我们称之为**代数式**. 代数式是数学研究的基本对象.

在很多领域, 人们都使用符号. 例如, 在天气预报节目中, 分别用 ☼、⛆ 来表示晴天、雨天. 在交通规则中用 ↑、⊗ 表示直行、禁止停车. 数学符号与其他符号不同的是: 数学符号不仅可以代表具体的含义, 而且它还像数字一样可以参加运算, 从而成为数学语言, 并能够用它来描述现实世界. 例如, $\forall x, y \in \mathbf{R}, x > 0, y > 0$, 有

$$x \cdot y \leqslant \frac{1}{2}x^2 + \frac{1}{2}y^2. \tag{1}$$

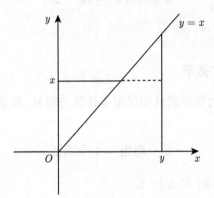

图 2.6.1

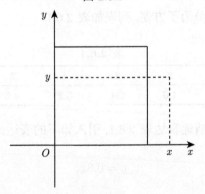

图 2.6.2

表达式 (1) 的左端为矩形的面积, (1) 式的右端为两个三角形面积之和. (1) 式表明, 矩形面积不超过分别以长、宽为直角边的等腰直角三角形面积之和. 从图 2.6.1 可见, (1) 式成为等式当且仅当 $x = y$. 与不等式 (1) 相关的, 还有下面的不等式:

$$x \cdot y \leqslant \frac{1}{4}(x+y)^2, \tag{2}$$

如图 2.6.2, 当 $x + y = c$ 是一常值时, (2) 式右端是一正方形的面积, (2) 式左端

为矩形面积. (2) 式表明: 当周长一定时, 矩形面积不超过正方形面积.

在 (1) 式与 (2) 式中, 将 x, y 换成具体的数字都是正确的, 但是, 在这里用字母来表示, 揭示出更为深刻的逻辑关系.

评论 1   在前五节中, 讨论的是常量的数学, 研究的对象是静止的. 在本节中, 研究的对象在变化中, 并用概念性的符号 (字母) 来表达其数量. 字母进入了数学, 运动就进入了数学, 这是数学发展过程中一次质的飞跃.

(二) 典型代数式

在数学中, 有一类运算形式最为简单的代数式, 即

$$p(x) = a_0 x^n + a_1 x^{n-1} + \cdots + a_{n-1} x + a_n, \tag{3}$$

其中, x 是变量, $a_i \in \mathbf{R}, a_0 \neq 0$, 我们称 (3) 式为整式 (或一元多项式), n 为次数. 先来考察 $n = 1, 2$ 时, $p(x)$ 的图像.

当 $n = 1$ 时, $a_0 > 0$ 与 $a_0 < 0$ 的图像分别如图 2.6.3-1 和图 2.6.3-2, 从图 2.6.3-1 与图 2.6.3-2 即可见, 当 $n = 1$ 时, $p(x) = 0$ 有且有一实根.

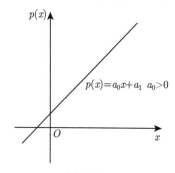

图 2.6.3-1

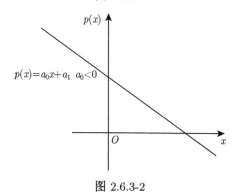

图 2.6.3-2

思考题　请从物理学的角度给出如上的 $n=1$ 的 $p(x)$ 的例子.

当 $n=2$ 时, $a_0>0$, $p(x)=a_0 x^2+a_1 x+a_2$ 的图像为如下三种情形之一.

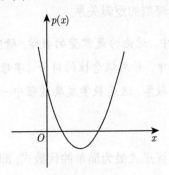

图 2.6.4-1

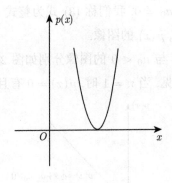

图 2.6.4-2

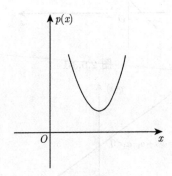

图 2.6.4-3

从图 2.6.4-1~图 2.6.4-3 可见, 当 $n=2$ 时, $p(x)=0$ 可能有两个实根, 可能有一个实根, 也可能没有实根. 而由复数域上二次方程求根公式可知, 二次方程可能有两个实根、一个实根, 或两个复根.

思考题 请从物理学的角度给出如上的 $n = 2$ 的 $p(x)$ 的例子.

对于一般的 n 次多项式, $p(x) = 0$ 的根的情况将如何?

定理 2.6.1 设 $p(x)$ 由 (3) 式给出, 其中系数 a_i 是复数, 则存在复数 $z_1, z_2, \cdots, z_n$, 使得

$$p(x) = a_0(x - z_1)(x - z_2) \cdots (x - z_n). \tag{4}$$

若 (3) 式中的系数 a_i 是实数, 且有复数 z_0 使 $p(z_0) = 0$, 则 $p(\overline{z_0}) = 0$, 这里, $\overline{z_0}$ 是 z_0 的共轭复数.

评论 2 定理 2.6.1 被称为代数基本定理, 它有如同算术基本定理的作用. 算术基本定理告诉人们: 一个自然数一定能表成若干个素数乘积的形式, 而代数基本定理告诉人们: 一个整式一定能表成若干个一次因式乘积的形式. 一个是数, 一个是式, 式是数的发展. 在某种意义上, 代数基本定理等同于算数基本定理. 在生物学中, 子体会带有母体的某种遗传因子, 数学也是如此.

注 1 对于实系数奇数次多项式 $p(x)$, 方程 $p(x) = 0$ 至少有一个实根.

定理 2.6.2 对任意的 $x \in \mathbf{R}$, 多项式 $p(x)$ 与 $q(x)$ 有 $p(x) = q(x)$ 当且仅当 $p(x)$ 与 $q(x)$ 中同次幂系数相同.

证明 设

$$p(x) = a_0 x^n + a_1 x^{n-1} + \cdots + a_{n-1} x + a_n,$$

$$q(x) = b_0 x^m + b_1 x^{m-1} + \cdots + b_{m-1} x + b_m.$$

先来讨论充分性. 若 $p(x)$ 与 $q(x)$ 中同次幂系数相同, 即

$$n = m, \quad a_0 = b_0, \quad a_1 = b_1, \quad \cdots, \quad a_n = b_n,$$

则 $p(x) - q(x) = 0$, 即 $p(x) \equiv q(x)$.

再来讨论必要性. 假设 $p(x) \equiv q(x)$, 证 $n = m, a_0 = b_0, a_1 = b_1, \cdots, a_n = b_n$. 若不然, $n \neq m$, 或者 $n = m$, 但有某些同次幂系数不等, 则

$$p(x) - q(x) = c_0 x^k + c_1 x^{k-1} + \cdots + c_{k-1} x + c_k, \quad k \leqslant m, k < \text{(或 } =)n,$$

其中 $c_0 \neq 0$ 由定理 2.6.1 知, 至多有 $x_1, x_2, \cdots, x_k \in \mathbf{R}$, 使 $p(x_i) - q(x_i) = 0, x_i \in \{x_1, x_2, \cdots, x_k\}$, 当 $x \notin \{x_1, x_2, \cdots, x_k\}$ 时, 有 $p(x) - q(x) \neq 0$, 这与 $p(x) \equiv q(x)$ 矛盾.

思考题　　多项式函数的作用是什么?

人们还关心多元多项式. 为计算简便, 我们这里只给出二元二次多项式的一般形式

$$q(x, y) = ax^2 + by^2 + cxy + dx + ey + f, \tag{5}$$

其中, x, y 是变量, a, b, c, d, e, f 是系数, 在中学数学中, 圆方程、椭圆方程、抛物线方程、双曲线方程都是由 (5) 给出的

$$q(x, y) = 0$$

的特殊情形.

2.7　函　　数

(一) 函数的定义

函数概念的形成经历了很长的一段历史时期, 是从静止的数学到运动的数学的飞跃, 是很多数学家从不同的角度来认识数学的结果, 现在, 中学数学教材与大学数学教材中出现了三种定义方式.

函数及其运算

定义 2.7.1　　在某一变化过程中联系着的两个变量 x 和 y, 如果 x 每取一定的数值, y 有唯一确定的值与其对应, 我们称前一个变量 x 为**自变量**, 称 y 是 x 的**函数**.

x 的取值范围叫做函数的**定义域**, 与 x 的值对应的 y 的值叫做**函数值**, 函数值的集合叫做函数的**值域**.

函数的表达方法有以下三种:

(1) **解析表达式方法**　　例如, 以下两个函数

$$y = 2x, \quad y = \sqrt{1 - x^2}.$$

函数的定义域就是使表达式有意义的自变量的全体, 前一个函数的定义域是全体实数, 后一个函数的定义域是区间 $[-1,1]$.

(2) **列表法**　例如, 某气象站观测当地的温度, 每 3 小时观测一次, 温度记录如表 2.7.1.

表 2.7.1

时刻	0	3	6	9	12	15	18	21	24
温度/℃	6	4	7	11	15	15	12	9	7

在这个例子中, 函数的定义域是集合 $A = \{0, 3, 6, 9, 12, 15, 18, 21, 24\}$, 值域 $B = \{6, 4, 7, 11, 15, 12, 9\}$, 自变量 $x \in A$, 函数值 $y \in B$, x 与 y 之间的关系是通过列表的方法建立的对应关系.

(3) **图像法**　例如, 某施工队测绘一河道的横截面, 河床底的曲线如图 2.7.1 所示.

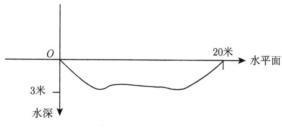

图 2.7.1

在这个例子中, 函数的定义域是区间 $[0, 20]$, 表示河面的宽度是 20 米, 函数的值域是区间 $[0, 3]$, 表示河水最深处水深是 3 米, 自变量 $x \in [0, 20]$, 函数值 $y \in [0, 3]$, x 和 y 之间的关系是通过图像的方法建立起来的对应关系.

定义 2.7.1 是现行初中数学教材中给出的, 从数学教育的角度讲, 这个定义是学生容易接受的, 从数学科学的角度讲, 这个定义不够严格准确.

评论 1　在这个定义中, 称 y 是 x 的函数, 又称 y 的值是函数值, 有一些混淆, 令人不很清楚. 在科学中, 追求的是概念清楚准确. 当概念含糊不清时, 必将出现一些混乱.

在现行的高中数学教材中, 用下面的方式给出了函数的定义.

定义 2.7.2　设 A 是一非空实数集, 存在一个对应的法则 f, 对于 A 中的

每个元素 x, 按照对应法则 f, 存在 $\mathbf{R}$ 中唯一实数 y 与之对应, 则称对应法则 f 是定义在 A 上的函数, 记为 $f: A \to \mathbf{R}$, $y = f(x)$.

集合 A 称为 f 的**定义域**, 在 $y = f(x)$ 中, 称 $y(f(x))$ 为函数值, 函数值的集合称为函数 f 的**值域**, 记为 $f(A)$, 即

$$f(A) = \{y \,|\, y = f(x), x \in A\} \subset \mathbf{R},$$

称集合 $G(f) = \{(x, y) \,|\, y = f(x), x \in A\} \subset A \times \mathbf{R}$ 为函数 f 的**图像**.

在定义 2.7.2 中, 函数的概念建立在 "集合" 与 "对应" 这两个基本概念上, 它把函数看作是定义域 A 到值域 $f(A)$ 这两个实数集合之间的对应, 变量之间的对应是函数的本质.

对定义 2.7.1 与定义 2.7.2 做一比较, 可发现, 定义 2.7.1 中将函数与函数值不加区分, 引起概念的混淆, 而定义 2.7.2 将函数与函数值区分得十分清晰, 但在定义 2.7.2 中, 什么是 "对应法则" 是不清晰的, 如

$$f_1(x) = 1, \quad x \in \mathbf{R}; \quad f_2(x) = \sin^2 x + \cos^2 x, \quad x \in \mathbf{R}.$$

在这个例子中, 法则 f_1 与法则 f_2 是否相同?

类似于定义 2.7.2, 我们可以将函数的概念推广到映射.

定义 2.7.3 设 A, B 是两个非空集合, 如果按照某对应法则 f, 对于集合 A 中的任一元素 a, 在集合 B 中存在唯一元素 b 和它对应, 称 f 是从集合 A 到集合 B 中的映射, 记作 $f: A \to B$, $b = f(a)$.

例如, $A = \{\,$甲, 乙, 丙, 丁$\,\}$ 是学校某一宿舍的四名同学, 集合 $B = \{\,$优, 良, 中, 差$\,\}$ 是学习成绩的评价方式, 在某一次考试中, 他们的成绩分别为

$$甲 \to 优, \quad 乙 \to 中, \quad 丙 \to 良, \quad 丁 \to 优.$$

这就是一个从 A 到 B 的映射.

显然, 函数就是从实数集 A 到实数集 B 的映射.

20 世纪数学观念的重要变革是现代意义上的严格的公理化数学体系的形成, 在数学的一个公理系统下, 研究对象的实际内容可能无关紧要, 最重要的是所讨论的对象, 只要它们互相之间的逻辑关系服从公理体系的法则就可以了.

法国的布尔巴基学派力图把整个数学统一在一个公理体系中, 并编写了一套数学著作《数学原理》, 想从最原始的集合概念开始, 逐步扩充结构, 形成数系, 在定义函数概念时, 布尔巴基学派给出了如下的形式化的定义.

定义 2.7.4 X 和 Y 是两个非空集合, 称集合

$$X \times Y \triangleq \{(x,y) \mid x \in X, y \in Y\}$$

为集合 X 与集合 Y 的**笛卡儿积**.

定义 2.7.5 设 $f \subset X \times Y, \forall x \in X$, 存在唯一的 $y \in Y$, 使 $(x,y) \in f$, 称 f 是从 X 到 Y 的映射, 记作: $f: X \to Y$, 若 X 与 Y 是实数集, 则称映射 f 是**函数**.

注 1 定义 2.7.5 将函数采用集合论的语言加以描述, 除集合论的概念外, 再没有使用其他未经定义的概念, 因而是完全数学化的定义.

(二) 函数的运算

设 $f_1: X_1 \to \mathbf{R}, f_2: X_2 \to \mathbf{R}$ 是两个函数, 我们讨论 f_1 与 f_2 的四则运算.

定义 2.7.6 定义 $f_1 \pm f_2, f_1 \cdot f_2, \dfrac{f_1}{f_2}$ 如下:

$$(f_1 \pm f_2)(x) = f_1(x) \pm f_2(x), \quad \forall x \in X_1 \cap X_2,$$

$$(f_1 \cdot f_2)(x) = f_1(x) \cdot f_2(x), \quad \forall x \in X_1 \cap X_2,$$

$$\left(\frac{f_1}{f_2}\right)(x) = \frac{f_1(x)}{f_2(x)}, \quad \forall x \in (X_1 \cap X_2) \backslash \{x \mid f_2(x) = 0\}.$$

我们不难将两个函数的四则运算推广到任意有限个函数的四则运算, 函数的四则运算是构造新函数的一种重要方法.

注 2 用已有的函数构造出新的函数, 是数学的一种常用的方法.

我们进一步讨论两个函数的复合运算.

设有两个函数 $f: A \to B, g: B \to C, \forall a \in A$, 存在唯一 $b \in B$, 使 $b = f(a)$, 对于函数 g, 存在唯一的 $c \in C$, 使 $c = g(b) = g(f(a))$, 从而 $\forall a \in A$, 存在唯一的 $c \in C$, 使得 $c = g(f(a)) = (g \circ f)(a)$.

定义 2.7.7 设有函数 $f: A \to B, g: B \to C$. 函数 $(g \circ f): A \to C, \forall a \in A, (g \circ f)(a) = g(f(a))$, 称为函数 f 与 g 从 A 到 C 的**复合函数**.

不难将两个函数的复合推广到任意有限个函数的复合.

最后我们来讨论反函数.

定义 2.7.8   设有函数 $f : A \to B$, 若对于任意的 $y \in f(A)$, 存在唯一的 $x \in A$, 使 $f(x) = y$, 则在 $f(A)$ 上定义了一个函数, 记作 $x = f^{-1}(y)$, 称 $x = f^{-1}(y)$ 是 $y = f(x)$ 的反函数.

注 3   由定义 2.7.8 可见, 函数 $f : A \to B$ 存在反函数当且仅当 $\forall x_1, x_2 \in A, x_1 \neq x_2$, 有 $f(x_1) \neq f(x_2)$.

注 4   设函数 $f : A \to B$ 存在反函数 f^{-1}, 则

$$(f^{-1} \circ f)(x) = x, \quad \forall x \in A,$$

$$(f \circ f^{-1})(y) = y, \quad \forall y \in f(A).$$

函数 $y = f(x)$ 的图像与其反函数 $x = f^{-1}(y)$ 的图像是同一条曲线, 但是, 将 $y = f(x)$ 的反函数记作 $y = f^{-1}(x)$ 时, 它的图像就是一条新的曲线, 由平面解析几何的知识易见, 函数 $y = f(x)$ 的图像与它的反函数 $y = f^{-1}(x)$ 的图像关于直线 $y = x$ 对称.

评论 2   复合关系与互逆关系在许多领域都存在.

例如, 在逻辑学中, 铅笔在文具盒中, 文具盒在书包中, 则铅笔在书包中. 在这里, 文具盒是一中间媒介, 起到了传递作用.

又如, 在社会中, 两个人的朋友关系是互逆关系.

(三) 初等函数及其几何性质

在中学数学中, 我们学习了几种具体的函数: 常数函数、幂函数、指数函数、对数函数、三角函数与反三角函数, 我们称这些函数为**基本初等函数**.

函数的几何性质:
有界性、单调性

定义 2.7.9   由基本初等函数经过有限次的四则运算及有限次的复合运算所得到的函数称为**初等函数**.

我们重点讨论函数的几何性质.

1. **有界性**

定义 2.7.10   设定义在 A 上的函数 f, 若存在数 $M > 0$, 对于任意的 $x \in A$, 有 $|f(x)| \leqslant M$, 则称函数 f 在 A 上有界.

例 1　证明: 函数 $f(x) = \cos x$ 在实数集 **R** 上有界. 事实上, 存在 $M = 1, \forall x \in \mathbf{R}$, 有 $|f(x)| = |\cos x| \leqslant 1$, 如图 2.7.2.

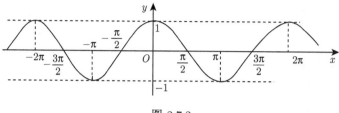

图 2.7.2

注 5　*如果对于任意的 $M > 0$, 存在 $x_m \in A$, 使 $|f(x_m)| \geqslant M$, 则称函数 f 在 A 上无界.*

例 2　证明: 函数 $f(x) = \dfrac{1}{x}$, 在 $(0, 1)$ 内无界.

证明　对于任意的 $M > 0$, 则 $M + 1 > 1, x_M = \dfrac{1}{M + 1} \in (0, 1)$.

$$f(x_M) = M + 1 > M.$$

故 $f(x) = \dfrac{1}{x}$ 在 $(0, 1)$ 内无界.

无界函数可细分为有上界无下界, 有下界无上界, 既无上界又无下界三种情况, $f(x) = \dfrac{1}{x}$ 在 $(0, 1)$ 内有下界无上界.

定理 2.7.1　若 $f_1(x)$ 与 $f_2(x)$ 是数集 A 上的有界函数, 则 $(f_1 \pm f_2)(x), (f_1 \cdot f_2)(x)$ 是数集 A 上的有界函数.

证明　设 M_1, M_2 分别是 $f_1(x)$ 与 $f_2(x)$ 在 A 上的界, 则 $\forall x \in A$,

$$|(f_1 \pm f_2)(x)| \leqslant |f_1(x)| + |f_2(x)| \leqslant M_1 + M_2,$$

$$|(f_1 \cdot f_2)(x)| = |f_1(x)| \cdot |f_2(x)| \leqslant M_1 \cdot M_2.$$

故定理结论成立.

注 6　两个有界函数之比的情形比较复杂, 其结论不定, 如 $f_1(x) = 1$, $f_2(x) = x$, 都是 $(0, 1)$ 上的有界函数, 则 $\dfrac{f_2}{f_1}(x) = x$ 都是 $(0, 1)$ 上的有界函数, 但 $\dfrac{f_1}{f_2}(x) = \dfrac{1}{x}$ 是 $(0, 1)$ 上的无界函数.

若 $f_1(x)$ 是数集 A 上的有界函数, 且有 $|f_2(x)| \geqslant C > 0, \forall x \in A$, 则 $\dfrac{f_1}{f_2}(x)$ 是数集 A 上的有界函数.

2. 单调性

定义 2.7.11　函数 $f(x)$ 定义在区间 (a, b) 内, 对于任意的 $x_1, x_2 \in (a, b)$, 当 $x_1 < x_2$ 时, 有 $f(x_1) \leqslant f(x_2)(f(x_1) \geqslant f(x_2))$, 则称 $f(x)$ 在区间 (a, b) 内是**递增 (递减)** 的, 若当 $x_1 < x_2$ 时, 有 $f(x_1) < f(x_2)(f(x_1) > f(x_2))$, 则称 $f(x)$ 在 (a, b) 内**严格递增 (严格递减)**.

在区间 (a, b) 内的递增函数、递减函数、严格递增函数、严格递减函数统称为**单调函数**, (a, b) 被称为单调区间.

例 3　$f_1(x) = 2^x$ 在 **R** 上是严格递增的函数 (图 2.7.3), $f_2(x) = \left(\dfrac{1}{2}\right)^x$ 在 **R** 上是严格递减的函数 (图 2.7.4).

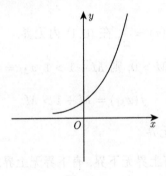

图 2.7.3

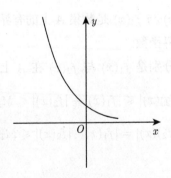

图 2.7.4

注 7　可以在任意一个数集 $A(\subset \mathbf{R})$ 上, 讨论函数的单调性, 例如数列 $a_n = f_n$ 是定义在自然数集 **N** 上的函数, 数列 a_n 是单调的数列, 具体地, $a_n = f(n) = \dfrac{1}{n}$ 是单调减少的数列.

一般说来, 函数在定义的区间上不一定是单调的, 但可能在子区间是单调的, 例如 $f(x) = \sin x$ 在 $\left(-\dfrac{\pi}{2}, \dfrac{\pi}{2}\right)$ 内是单调增加的, 在 $\left(\dfrac{\pi}{2}, \dfrac{3\pi}{2}\right)$ 内是单调减少的. 同时, 也存在这样的函数, 在它的定义域内的任何子区间上都不是单调的函数, 例如

$$D(x) = \begin{cases} 1, & x \text{ 是有理数,} \\ 0, & x \text{ 是无理数} \end{cases}$$

在 $\mathbf{R}$ 的任何子区间 (a, b) 内都不是单调的.

定理 2.7.2　若 $x = f(y)$ 在它的定义域内是严格增加的函数, 则它的反函数 $y = f^{-1}(x)$ 在其定义域内也是严格增加的函数.

证明　由本节的注 3 可知, $x = f(y)$ 存在反函数 $y = f^{-1}(x)$, 设 $y_1 = f^{-1}(x_1)$, $y_2 = f^{-1}(x_2)$ 且 $x_1 < x_2$, 根据反函数的定义知, $x_1 = f(y_1)$, $x_2 = f(y_2)$, 由于 $f(y)$ 在其定义域内是严格单调增加的函数, 故有 $y_1 < y_2$, 即反函数 $y = f^{-1}(x)$ 是严格增加的.

3. 奇偶性

考察下面的四个函数: $f_1(x) = x^3$, $f_2(x) = \sin x$, $f_3(x) = x^4$, $f_4(x) = \cos x$, 这些函数都定义在实数集 $\mathbf{R}$ 上, 且对于任意的 $x \in \mathbf{R}$, 有

函数的几何性质:
奇偶性、周期性

$$f_1(x) = -f_1(-x), \quad f_2(x) = -f_2(-x),$$

$$f_3(x) = f_3(-x), \quad f_4(x) = f_4(-x).$$

定义 2.7.12　对于函数 $f(x)$, 其定义域 D 是关于原点对称的集合.

(1) 若 $\forall x \in D$, 有 $f(x) = -f(-x)$, 则称 $f(x)$ 是 D 上的**奇函数**.

(2) 若 $\forall x \in D$, 有 $f(x) = f(-x)$, 则称 $f(x)$ 是 D 上的**偶函数**.

可见, $f_1(x) = x^3$, $f_2(x) = \sin x$ 是在 $\mathbf{R}$ 上的奇函数, $f_3(x) = x^4$ 和 $f_4(x) = \cos x$ 是 $\mathbf{R}$ 上的偶函数.

由定义 2.7.12 即可知, 奇函数的图像关于原点对称, 偶函数的图像关于 y 轴对称.

不难验证, 函数 $f(x) = 0$ 是定义在关于原点对称的数集 D 上的既奇又偶的函数, 反之, 下面的结论也成立.

定理 2.7.3　若 $f(x)$ 是定义域 D 上既奇又偶的函数, 则 $f(x) = 0$.

证明 $\forall x \in D$, 因为 $f(x)$ 是奇函数, 有 $f(x) = -f(-x)$, 又因 $f(x)$ 是偶函数, 有 $f(x) = f(-x)$, 由此得 $f(x) = -f(x)$, 故 $f(x) = 0$.

定理 2.7.4   设数集 D 是关于原点对称的数集, 则定义在 D 上的任意函数 $f(x)$ 总可以表示成一个奇函数与一个偶函数的和.

证明   在数集 D 上定义函数

$$g(x) = \frac{1}{2}\left[f(x) + f(-x)\right],$$

$$h(x) = \frac{1}{2}\left[f(x) - f(-x)\right].$$

不难验证: $g(x) = g(-x)$ 是偶函数, $h(x) = -h(-x)$ 是奇函数, 且

$$g(x) + h(x) = f(x),$$

即函数 $f(x)$ 可以表示成一个奇函数与一个偶函数之和.

4. 周期性

周期现象是指周而复始的现象, 自然界充满了周期现象. 例如: 一年四季、月盈月亏、日出日落等. 描述这些周期现象的数学工具是周期函数.

定义 2.7.13   设 $f(x)$ 是定义在数集 A 上的函数, 若存在常数 $T > 0$ 具有性质:

(1) $\forall x \in A, x + T \in A$;

(2) $\forall x \in A, f(x + T) = f(x)$.

则称 $f(x)$ 为数集 A 上的**周期函数**, 常数 T 叫做 $f(x)$ 的一个**周期**.

例 4 $f(x) = \cos x$ 是以 2π 为一个周期的周期函数, 如图 2.7.5.

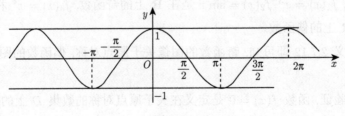

图 2.7.5

例 5

$$D(x) = \begin{cases} 1, & x \in \mathbf{Q}, \\ 0, & x \in \mathbf{R} \backslash \mathbf{Q}. \end{cases}$$

对于任意的有理数 $r > 0$, 有

$$D(x + r) = D(x),$$

即 $D(x)$ 是任意有理数为周期的周期函数.

例 6　$f(x) = 1$ 是以任意实数 $T > 0$ 为周期的周期函数.

注 8　若 T 是 $f(x)$ 的一个周期, 则 $2T$ 也是 $f(x)$ 的一个周期, 事实上

$$f(x + 2T) = f(X + T + T) = f(x + T) = f(x).$$

一般地, 对于自然数 n, nT 也是 $f(x)$ 的一个周期, 因此, 周期函数没有最大的周期.

注 9　例 5 与例 6 表明, 存在没有最小正周期的周期函数.

定义 2.7.14　若周期函数 $f(x)$ 存在最小周期 T, 则称 T 是 $f(x)$ 的**周期**.

阅读材料　函数概念发展简史

17 世纪, 伽利略 (G. Galileo, 意大利, 1564—1642) 所著的《两门新科学》一书中, 几乎全部包含函数或称为变量关系的这一概念, 用文字和比例的语言表达函数的关系. 1637 年前后, 笛卡儿 (Descartes, 法国, 1596—1650) 在他的解析几何中, 已注意到一个变量对另一个变量的依赖关系, 但因当时尚未意识到要提炼函数概念, 因此直到 17 世纪后期牛顿、莱布尼茨建立微积分时还没有人明确函数的一般意义, 大部分函数是被当作曲线来研究的.

1673 年, 莱布尼茨首次使用 "function"(函数) 表示 "幂", 后来他用该词表示曲线上点的横坐标、纵坐标、切线长等曲线上点的有关几何量. 与此同时, 牛顿在微积分的讨论中, 使用 "流量" 来表示变量间的关系.

1718 年, 约翰 · 伯努利 (Johann Bernoulli, 瑞士, 1667—1748) 在莱布尼茨函数概念的基础上对函数概念进行了定义: "由任一变量和常数的任一形式所构成的量." 他的意思是凡变量 x 和常量构成的式子都叫做 x 的函数, 并强调函数要用公式来表示.

1755 年, 欧拉 (L. Euler, 瑞士, 1707—1783) 把函数定义为 "如果某些变量, 以某一种方式依赖于另一些变量, 即当后面这些变量变化时, 前面这些变量也

随着变化, 我们把前面的变量称为后面变量的函数."

1821 年, 柯西 (Cauchy, 法国, 1789—1857) 利用变量给出了函数定义: "在某些变数间存在着一定的关系, 当一经给定其中某一变数的值, 其他变数的值可随着而确定时, 则将最初的变数叫自变量, 其他各变数叫做函数". 在柯西的定义中, 首先出现了 "自变量" 一词, 同时指出对函数来说, 不一定要有解析表达式. 不过, 他仍然认为函数关系可以用多个解析式来表示, 这是一个很大的局限.

1822 年, 傅里叶 (Fourier, 法国, 1768—1830) 发现某些函数可以用曲线表示, 也可以用一个式子表示, 或用多个式子表示, 从而结束了函数概念是否以唯一式子表示的争论, 把对函数的认识又推进了一个层次.

1837 年, 狄利克雷 (Dirichlet, 德国, 1805—1859) 突破了表达方式的局限, 认为怎样去建立 x 与 y 之间的关系无关紧要, 他拓广了函数概念, 指出: "对于在某区间上的每一个确定的 x 值, y 都有一个确定的值, 那么 y 叫做 x 的函数." 这个定义避免了函数定义中对依赖关系的描述, 以其清晰的方式被所有数学家接受. 这就是人们常说的经典函数定义.

等到康托尔创立的集合论在数学中占有重要地位之后, 维布伦 (Veblen, 美国, 1880—1960) 用 "集合" 和 "对应" 的概念给出了近代函数定义, 通过集合概念把函数的对应关系、定义域及值域进一步具体化, 并打破了 "变量是数" 的局限, 变量可以是数, 也可以是其他对象.

1914 年, 豪斯多夫 (F. Hausdorff, 1868—1942) 在《集合论纲要》中用不明确的概念 "序偶" 来定义函数, 其避开了意义不明确的 "变量""对应" 概念. 库拉托夫斯基 (Kuratowski) 于 1921 年用集合概念来定义 "序偶" 使豪斯多夫的定义更严谨了.

现当代, 函数的定义为, 给定非空数集 A, B, 按照某个对应法则 f, 使得 A 中任一元素 x, 都有 B 中唯一确定的 y 与之对应, 那么从集合 A 到集合 B 的这个对应, 叫做从集合 A 到集合 B 的一个函数. 记作 $x \rightarrow y = f(x), x \in A$. 集合 A 叫做函数的定义域, 记为 D, 集合 $\{y \mid y = f(x), x \in A\}$ 叫做值域, 记为 C. 定义域、值域、对应法则称为函数的三要素. 一般书写为 $y = f(x), x \in D$. 若省略定义域, 则指使函数有意义的一切实数所组成的集合.

请 您 思 考

A 组

1. "一个" 与 "第一" 的差异是什么?

2. 数 "1" 的作用是什么? 你怎样体会 "一生二, 二生三, 三生万物".

3. 试论述数 "0" 的作用.

4. 数学归纳法只是验证了 $n = 1$ 命题为真, 且用了一次递推的证明, 为什么说命题对所有的自然数 n 为真.

5. 请举出至少三个无限集的例子, 并比较一下它们都有什么不同.

6. 从运算的角度看, 整数集与自然数集有什么不同?

7. 从序的角度看, 整数集与自然数集有什么不同?

8. 整数集从自然数集扩充而来, 整数集比自然数集少了什么性质?

9. 讨论一下在数学中序的重要性.

10. 有理数集与整数集比较, 多了什么性质, 少了什么性质?

11. 在定义 2.3.5 中规定 $\forall a, b \in \mathbf{Q}$, 规定 $a > b$ 当且仅当 $a - b > 0$. 能否给出一个更强的定义?

12. 有理数集与无理数集有什么本质差异?

13. 从运算角度看, 为什么要从有理数集扩充到无理数集?

14. 一个有理数与一个无理数之和是有理数还是无理数?

15. 两个无理数之和是有理数还是无理数?

16. 复数集与实数集比较, 增加了什么性质, 失去了什么性质?

17. 复数的运算与实数的运算有什么不同?

18. 多项式函数也称为整式函数. 你能将整式函数与整数进行比较, 它们有哪些相同之处, 有哪些不同之处?

B 组

1. 论述为什么零不能做除数.

2. 证明: $a - (b - c) = (a - b) + c$.

3. 证明：$a \div (b \div c) = a \div b \times c$.

4. 证明：$\sqrt{3}$ 是无理数.

5. 证明：$\sqrt{2} + \sqrt{3}$ 是无理数.

6. 设有理数 $r = \dfrac{m}{n} < \sqrt{2}$, 证明：存在有理数 $r' = \dfrac{m'}{n'}$, 使得 $\dfrac{m}{n} < \dfrac{m'}{n'} < \sqrt{2}$.

7. 证明：$\sqrt[3]{60} > 2 + \sqrt[3]{7}$.

8. 证明：两个有理数之间存在任意多个两邻点距离相等的有理数.

9. 证明：两个无理数之间至少有一个无理数.

10. 设 n 是自然数, 证明：$\mathrm{i}^n + \mathrm{i}^{n+1} + \mathrm{i}^{n+2} + \mathrm{i}^{n+3} = 0$.

11. 设 $n \geqslant 2$, 证明：一切 n 次单位根的和等于零 (1 的 n 个不同的 n 次方根为单位根).

12. 证明：

(1) 若 $z = x + \mathrm{i}y$, 则 $\sqrt{\dfrac{1}{2}(|x| + |y|)} \leqslant |z| \leqslant |x| + |y|$;

(2) 若 $\dfrac{x - \mathrm{i}y}{x + \mathrm{i}y} = a + \mathrm{i}b$, 则 $a^2 + b^2 = 1$.

13. 设复数 z_1, z_2 和 z_3 满足 $z_1 + z_2 + z_3 = 0$, 且 $|z_1| = |z_2| = |z_3| = 1$, 则 z_1, z_2 和 z_3 是内接单位圆的一个等边三角形的三个顶点.

14. 设 z_1 与 z_2 是两个复数, 证明等式：$|z_1 + z_2|^2 + |z_1 - z_2|^2 = 2(|z_1|^2 + |z_2|^2)$, 并说明该等式的几何意义.

15. 设 $|z_1| = 1$, $|z_2| = 1$, 证明：$\left| \dfrac{z_1 - z_2}{1 - \bar{z}_1 z_2} \right| = 1$.

16. 讨论函数 $f(x) = \dfrac{1}{x^2 + x + 1}$ 的单调性.

17. 讨论函数 $f(x) = \log_{\frac{1}{2}}(-2x^2 + 5x + 3)$ 在什么区间上是递增的, 在什么区间上是递减的?

18. 已知函数 $f(x) = a^{\sin^4 x - \sin^2 x}(0 < a < 1)$.

(1) $f(x)$ 的奇偶性如何?

(2) 在什么区间上 $f(x)$ 是递增函数? 在什么区间上 $f(x)$ 是递减函数?

19. 证明若函数 $f(x), g(x), h(x)$ 都是递增函数, 且满足 $f(x) \leqslant g(x) \leqslant h(x)$, 则有如下的不等式：

$$f(f(x)) \leqslant g(g(x)) \leqslant h(h(x))$$

20. 设 $f(x)$ 是定义在实数集 **R** 上的奇函数, 且 $\forall x_1, x_2 \in \mathbf{R}$, 有 $\dfrac{f(x_1)+f(x_2)}{x_1+x_2} > 0 (x_1 + x_2 \neq 0)$, 证明 $f(x)$ 是单调增加函数.

21. 讨论函数 $f(x) = \dfrac{x-1}{x+1}$ 的有界性.

22. 讨论函数 $f(x) = \dfrac{1}{2^x - 1}$ 的有界性.

23. 证明: $f(x) = \sin\dfrac{1}{x}$ 不是周期函数.

24. 证明: $f(x) = x \sin x$ 不是周期函数.

数学漫谈　三个世界性数学难题的攻克

费马大定理与怀尔斯

1637 年左右, 法国学者费马在阅读丢番图 (Diophantus)《算术》的拉丁文译本时, 曾在第 11 卷第 8 命题旁写道: "将一个立方数分成两个立方数之和, 或一个四次幂分成两个四次幂之和, 或者一般地将一个高于二次的幂分成两个同次幂之和, 这是不可能的. 关于此, 我确信已发现了一种美妙的证法, 可惜这里空白的地方太小, 写不下. " 这一猜想的内容是

> 当整数 $n > 2$ 时, 关于 x, y, z 的方程 $x^n + y^n = z^n$ 没有正整数解

毕竟费马没有写下证明, 而他的其他猜想对数学贡献良多, 这激发了许多数学家对这一猜想的兴趣. 数学家们的有关工作丰富了数论的内容, 推动了数论的发展.

1986 年, 英国数学家安德鲁·怀尔斯感到攻克费马大定理到了最后阶段, 并且这是他的研究领域. 他开始放弃所有其他活动, 精心梳理有关领域的基本理论, 为此准备了一年半时间把椭圆曲线与模形式通过伽罗瓦表示方法 "排队". 接下来的要将两种 "排队" 序列对应配

对, 这一步他两年无进展. 此时他读博时学的岩泽理论一度取得实效, 1991 年, 他的导师科茨告诉他有位叫弗莱切的学生用苏联数学家科利瓦金的方法研究椭圆曲线, 这一方法使其工作有重大进展.

1993 年 6 月, 在剑桥牛顿学院举行了一个名为 "L 函数和算术" 的学术会议, 组织者之一正是怀尔斯的博士导师科茨. 1993 年 6 月 21 日到 23 日, 怀尔斯被特许在该学术会上以 "模形式、椭圆曲线与伽罗瓦表示" 为题, 分三次作了演讲. 听完他的演讲之后, 人们意识到怀尔斯证明了费马大定理. 这一天, 从剑桥牛顿学院传出费马大定理被证明之后, 世界媒体纷纷报道了该消息.

但此刻数学界反倒十分冷静, 明确指出论证还需仔细审核, 因为历史上曾多次宣布证明但后来被查证出错误. 怀尔斯的证明被分为 6 个部分分别由 6 人审查, 其中第三部分由凯兹负责, 查出了关于欧拉系的构造有严重缺陷, 科利瓦金-弗莱切方法对它不能适用. 1993 年 12 月, 怀尔斯公开承认证明有问题, 但表示很快会补正. 1994 年 1 月, 怀尔斯邀请剑桥大学讲师理查德·泰勒到普林斯顿帮他完善科利瓦金-弗莱切方法解决问题. 1994 年 9 月, 怀尔斯再用岩泽理论结合科利瓦金-弗莱切方法, 修补了漏洞, 问题得到解决. 1994 年 10 月 25 日, 怀尔斯向世界数学界发了费马大定理的完整证明邮件, 包括一篇长文《模椭圆曲线和费马大定理》, 作者安德鲁·怀尔斯. 另一篇短文《某些赫克代数的环论性质》, 作者理查德·泰勒和安德鲁·怀尔斯. 至此费马大定理得证.

1995 年, 他们把费马大定理的证明发表在《数学年刊》(*Annals of Mathematics*) 第 141 卷上, 证明过程包括两篇文章, 共 130 页, 占满了全卷, 题目分别为 *Modular elliptic curves and Fermat's last theorem* (《模椭圆曲线和费马大定理》) 以及 *Ring-theoretic properties of certain Hecke algebras* (《某些赫克代数的环论性质》).

孪生素数猜想与张益唐

2013 年 5 月 9 日, 张益唐收到了数学界权威的刊物《数学年刊》(*Annals of Mathematics*) 的来信. 当今最顶级的解析数论专家之

一的伊万尼克 (Henryk Iwaniec) 作为审稿人对张益唐的工作给出了高度评价: "这项研究是一流的, 作者成功证明了一个关于素数分布的里程碑式的定理. 我们巨细无遗地研究了这篇论文, 但没有找到瑕疵."

那年 4 月 17 日, 张益唐将自己的论文《素数间的有界距离》投给《数学年刊》.《数学年刊》是数学家们最敬仰的期刊之一, 但在上面发表论文非常难. 按照惯例, 一篇论文从提交到被接收, 要经过很长时间的审查. 一般来说, 作者会等待一到两年. 但仅仅三个星期后, 5 月 9 日, 张益唐就收到了杂志社的来信.

消息很快在数学界传开. 5 月 13 日, 丘成桐邀请张益唐在哈佛大学做了一场报告. 第二天,《自然》杂志在网上公布了这一消息. 张益唐瞬间成名. 在伊万尼克写给丘成桐的信里, 他认为张益唐的论文将引发持续的雪崩式的优化和改进, 以及随之而来的理论创新. 一夜之间, 张益唐重新定位了解析数论的焦点.

张益唐的文章, 是关于数学史上一个著名的经典难题, 李生素数猜想. 在 1900 年的国际数学家大会上, 数学家希尔伯特提出了著名的 23 个重要数学难题和猜想, 其中李生素数猜想是希尔伯特问题的第 8 个的一部分.

素数 (也叫质数) 是数论中的基础概念, 专指那些只能被 1 和自身整除的数, 由 2 开始, 3, 5, 7, 11, 13, 17, 19, 23 一直延续下去, 或许直到无限. 如果某个素数前后有差值为 2 的另一个素数, 两者即构成 "李生素数". 可以观察到, 李生素数的分布极不均匀, 而且越来越稀疏. 那个猜想的核心命题是: 李生素数有无穷多对, 但无论多么稀疏, 它们将一直存在下去, 直到无限.

张益唐成功地证明了存在无数对李生素数, 相邻的两对李生素数之差不超过 7000 万. 他突破性地把两个素数距离, 从无限变成了有限. 伊万尼克说, 张益唐的证明 "水晶般地透明".

施泰纳系列大集问题与陆家羲

早在 1853 年, 瑞士数学家施泰纳 (Steiner, 1796—1863) 提出了三元系问题. 该问题来自于 "寇克满女生问题", 即 "15 名女大学生, 每天晚饭后三人一组散步. 是否有一种分组方法, 使得一周内每两个女生有且仅有一次在一组?" 施泰纳问题的提法是: X 是一个有 v 个元素的集合, B 是 X 的 3 元素的子集族, 使得 X 的每一对元素 (2 个元素) 在且仅在一个三元组中. 现在的问题是: 对于什么样的 v, 问题可解? 这也是区组设计问题. 区组设计研究对数字通信理论、快速变换、有限几何等领域显示出重要的作用. 而施泰纳三元系在区组设计理论中具有重要的意义. 满足某一充要条件的施泰纳三元系组成的集叫大集. 所谓 "大集问题" 就是大集的存在问题; 所谓 "大集定理" 就是要证明它存在的充要条件. 130 多年来, 许多数学家被这一问题所吸引, 并为之绞尽脑汁, 付出巨大的劳动, 但是所得结果还是零零碎碎的. 1981 年 5 月的《组合论杂志》上载文称: "这个问题离完全解决还很遥远."

　　1981 年 9 月 18 日起,《组合论杂志》陆续收到陆家羲 (1935—1983) 题为《论不相交施泰纳三元系大集》的系列文章. 西方的组合论专家们惊讶了, 加拿大著名数学家、多伦多大学教授门德尔逊说: "这是二十多年来组合设计中的重大成就之一." 1983 年 9 月 30 日, 中国的组合数学专家们组成的陆家羲学术工作评审委员会所做的评价是: "…… 陆家羲同志独创地引进了 AD、AD*、AD**、LD 和 LD* 等辅助设计及有关大集 LAD1、LAD2 和 LAD3, 创造性地利用了前人的结果, 巧妙地设计了一系列的递归构造, 严谨地证明了互不相交的 v 阶施泰纳三元系的大集, 除了六个值外, 对所有 $v \equiv 1$ 或 $3(\mathrm{mod}6)$, $v > 7$ 都存在, 从而宣告了这一问题的整体解决 (关于例外值, 他已有腹稿, 但在写作过程中便不幸逝世了, 仅留下一份提纲和部分结果). 众所周知, 1960 年, 博斯 (Bose) 等证明了, 当 $t > 1$ 时, 关于 $4t + 2$ 阶正交拉丁方的欧拉猜想不成立; 1961 年, 哈纳尼 (Hanani) 给出并证明了 $k = 3$ 和 4 的 (b, v, r, k, λ) 设计存在的充要条件, 这是区组设计理论中的两大举世闻名的成就, 陆家羲关于大集的成果可以与上述两大成就相媲美, 并将同它们一起载入组合数学的史册."

　　陆家羲的科研道路比较曲折. 1961 年, 他毕业于东北师范大学, 被分配到包头钢铁学院工作, 后因该学院被撤销, 转到包头九中工作,并一直工作在中学教学第一线. 他一边教书, 一边做自己的研究工作, 解决了组合数学中的重大问题. 1989 年 3 月, 陆家羲的夫人张淑琴代表陆家羲参加了在北京人民大会堂隆重举行的 "1987 年国家自然科学奖颁奖大会", 获得了国家自然科学奖一等奖. 至今, 数学学科获得国家自然科学奖一等奖共六项八位数学家. 这八位数学家分别是华罗庚、吴文俊、陈景润、王元、潘承洞、廖山涛、陆家羲、冯康.

第三章　图形——形状与度量

带着下面的问题我们进入本章.

1. 如何描述铁路上的一列火车、广场上的一辆
汽车、空中的一架飞机的位置?

2. 你遇到了哪些既有大小又有方向的例子?

3. 你看见过直线与平面吗?

4. "海平面"这一说法正确吗?

5. "平面"与"曲面"有什么联系,有什么不同?

6. 几何图形与函数之间有什么联系?

7. 规则图形的研究有什么数学之外的意义吗?

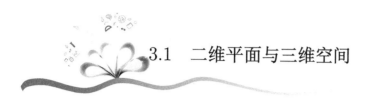

3.1 二维平面与三维空间

（一）平面与空间中点的表示

在数轴中, 一个点与一个实数一一对应. 下面, 我们讨论平面上的点与空间中的点与数组的对应关系.

首先讨论平面上的点与数组的对应关系. 为此, 首先建立平面直角坐标系, 如图 3.1.1 所示, 直角坐标系由两条垂直的数轴组成.

向量及其运算

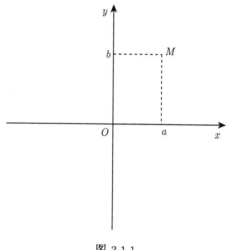

图 3.1.1

对于其上的一点 M, 分别向 Ox 轴、Oy 轴引垂线, 垂足到原点 O 的距离分别为 a, b, 称 a 为点 M 的**横坐标**, 称 b 为点 M 的**纵坐标**. 且记为点 $M(a, b)$. 反之, 给出一个序对 (a, b), 则可以在平面 xOy 上确定唯一的点 M.

类似于平面直角坐标系, 如图 3.1.2, 我们用三条两两相互垂直的数轴建立起空间直角坐标系. 对于其上的一点 M, 分别向 xOy 平面, Oz 轴做垂线, 分别交于点 $M'(a, b)$, 交 Oz 轴的坐标为 c, 记为点 $M(a, b, c)$, 反之, 给出一个序对 (a, b, c), 则可以在空间坐标系中确定唯一的点 M.

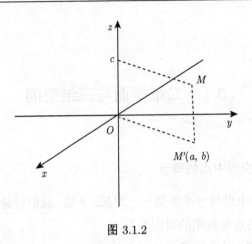

图 3.1.2

评论 1 空间直角坐标系的建立, 给出了一个点在三个维度的测量. 这一思想方法在一些学科被使用. 事实上, 认识一个事物常常是多个角度的. 比较事物要选择几个视角来加以比较. 例如, 对不同的两个社会加以比较时, 我们通常会选择政治、经济、文化来加以比较.

在物理学中, 有一类物理量, 如位移、力、速度等, 它们不仅有大小, 而且有方向. 既有大小又有方向的量称为**向量**, 在数学上, 我们通常用有向线段表示向量. 例如向量 $\overrightarrow{OM}$.

对于向量, 我们只关心其大小与方向, 因此, 用有向线段表示向量时, 我们并不关心向量的起点. 这就是说, 长度相等、方向相同的有向线段, 表示的是同一向量. 例如, 若 $ABCD$ 为一平行四边形 (图 3.1.3), 则我们认为 $\overrightarrow{AB} = \overrightarrow{DC}$.

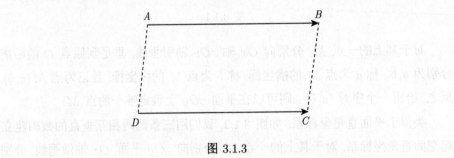

图 3.1.3

当我们把向量的起点放在坐标原点 O 时, 点 M 的坐标为 (a,b) (或 (a,b,c)) 则向量 $\overrightarrow{OM}$ 与数组 (a,b) (或 (a,b,c)) 建立了一一对应关系.

评论 2 向量的概念来自于物理学, 读者需清楚哪些物理量是向量, 哪些物理量是数量. 由此我们进一步体会数学是描述大自然的语言.

向量与坐标系中的点一一对应. 坐标系可以广泛地应用到社会科学领域, 因此, 向量也可以应用到社会科学领域. 用向量描述并解释社会科学问题.

(二) 向量的运算

1. 向量的加法运算

我们用 a, b, c 等符号来表示向量.

设向量 a 与向量 b 表示作用在同一点的两个力, 力的合成通常可利用平行四边形法则来表述. 根据向量的定义, 也可以用三角形法则来表述, 即等同于把一个力的起点移到另一个力的终点上. 由此引出如下向量加法的概念.

定义 3.1.1 对于向量 $a = \overrightarrow{AB}$ 与向量 $b = \overrightarrow{BC}$ 得一折线 ABC, 以 A 为起点, 以 C 为终点, 得一向量 $c = \overrightarrow{AC}$, 称向量 c 为向量 a 与向量 b 之和 (图 3.1.4), 记作 $c = a + b$.

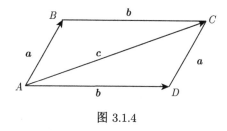

图 3.1.4

定义 3.1.2 大小为 0 的向量称为**零向量**, 记作 0; 与向量 a 大小相等方向相反的向量称为 a 的**反向量** (或**负向量**), 记作 $-a$.

由图 3.1.4 即可见

$$a + b = b + a,$$
$$a + 0 = a,$$
$$a + (-a) = 0.$$

注 1 零向量在物理中是没有意义的, 是数学中引进向量运算的需要才定义的, 否则, 一个向量与它的负向量相加就不能运算了.

由两个向量的加法运算, 我们就可以讨论三个向量的加法运算, 且

$$(a + b) + c = a + (b + c).$$

定义 3.1.3　$a - b = a + (-b).$

注 2　完全可以仿照数的运算来定义减法, 进而可证明

$$a - b = a + (-b).$$

我们用 $|a|$ 表示向量 a 的长度, 也称为向量 a 的**模**. 有

$$|a + b| \leqslant |a| + |b|.$$

注 3　此即表明, 三角形中两边长之和不小于第三边长.

2. 数乘向量

最简单的位移过程是直线上的连续运动, 例如弹簧的伸缩, 只有位移大小的改变, 方向相同或方向相反. 大小的改变可以用倍数来表示, 而方向的相同与相反可以用正负号来表示. 由此引出数乘向量的概念.

定义 3.1.4　实数 λ 与向量 a 的乘积 λa 是一个向量, 其长度为

$$|\lambda a| = |\lambda| \cdot |a|.$$

当 $\lambda > 0$ 时, λa 与 a 方向相同; 当 $\lambda < 0$ 时, λa 与 a 方向相反; 当 $\lambda = 0$ 时, $\lambda a = 0$.

注 4　由定义即可有

$$1 \cdot a = a, \quad (-1) \cdot a = -a.$$

由定义 3.1.4, 容易得

$$\mu(\lambda a) = (\mu \cdot \lambda) a,$$

$$\lambda(a + b) = \lambda a + \lambda b,$$

$$(\lambda + \mu) a = \lambda a + \mu a.$$

3. 内积

在物理学中, 功是一个常用的量. 一个质点在力 a 的作用下, 位移是 b, 则力 a 在位移 b 的方向上的分量为 $|a|\cos\langle a,b\rangle$, 则力所做的功是该分量乘上位移的距离 $|b|$, 由此引出了内积的概念.

定义 3.1.5 两向量 a 与 b 的**内积**规定为一实数

$$a\cdot b = |a|\cdot|b|\cos\langle a,b\rangle$$

注 5 若 $a = 0$ 或 $b = 0$, 则有 $a\cdot b = 0$; 反之, 若 $a\cdot b = 0$, 但未必有 $a = 0$ 或 $b = 0$, 也可能有 $\cos\langle a,b\rangle = 0$, 即向量 a 与向量 b 相互垂直.

评论 3 在这里, 我们遇到的一个新现象是: 若 $a\cdot b = 0$, 未必有 $a = 0$ 或 $b = 0$. 这是与数的运算有本质差异之处. 在我们认识一个新的事物时, 要善于把新的事物与熟悉的事物进行比较. 要认识到哪些是相同的, 哪些是不同的.

注 6 $a\cdot a = |a|^2$.

由定义 3.1.5, 容易看出

$$a\cdot b = b\cdot a,$$

$$(\lambda a)\cdot b = \lambda(a\cdot b),$$

$$a\cdot(b+c) = a\cdot b + a\cdot c.$$

(三) 向量的坐标运算

1. 向量的表出

我们讨论三维空间的向量表出.

设有向量组

$$e_1 = (1,0,0),$$
$$e_2 = (0,1,0),$$
$$e_3 = (0,0,1),$$

向量的坐标表示

易见 $|e_1| = |e_2| = |e_3| = 1$, 且 e_1, e_2, e_3 两两相互垂直. 如图 3.1.5 所示, 设有向量 $\overrightarrow{OM} = (x,y,z)$, 由向量的加法定义与数乘向量的定义, 有

$$\overrightarrow{OM} = \overrightarrow{OA} + \overrightarrow{AB} + \overrightarrow{BM}$$

$$= (x, 0, 0) + (0, y, 0) + (0, 0, z)$$

$$= x\boldsymbol{e_1} + y\boldsymbol{e_2} + z\boldsymbol{e_3}. \tag{1}$$

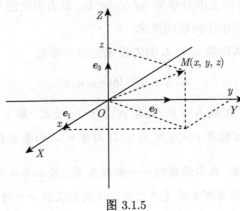

图 3.1.5

(1) 式表明, 三维空间中的任一向量 $\overrightarrow{OM}$ 都可以用 $\boldsymbol{e_1}, \boldsymbol{e_2}$ 和 $\boldsymbol{e_3}$ 线性表出, 且表出形式是唯一的.

注 7 $\boldsymbol{e_1}, \boldsymbol{e_2}, \boldsymbol{e_3}$ 分别是 Ox 轴, Oy 轴, Oz 轴上的单位向量 (即长度为 1), 我们称其为三维空间 $\mathbf{R}^3$ 的一组标准正交基底. 基底的作用是将 $\mathbf{R}^3$ 中的任意向量线性表出, 从而, 任意向量的某些讨论转化为对基底三个向量 $\boldsymbol{e_1}, \boldsymbol{e_2}$ 与 $\boldsymbol{e_3}$ 的讨论.

评论 4 用基底表出的思想非常重要! 把对无限个对象的研究转化为对有限个对象的研究, 事物的任意性质都通过基底表征出来. 因此, 找到一个集合 (特别是无限个元素) 中具有本质属性的代表 (即基底) 就是一件非常了不起的工作. 例如, 人的辨识就是通过指纹来完成的, 不同的指纹就是不同的人.

2. 向量运算的坐标表示

设有向量 $\overrightarrow{OM_1} = (x_1, y_1, z_1)$, $\overrightarrow{OM_2} = (x_2, y_2, z_2)$, 我们来讨论 $\overrightarrow{OM_1} + \overrightarrow{OM_2}$, $\lambda\overrightarrow{OM_1}$ 与 $\overrightarrow{OM_1} \cdot \overrightarrow{OM_2}$ 的坐标表示.

我们将 $\overrightarrow{OM_1}$ 与 $\overrightarrow{OM_2}$ 表示为

$$\overrightarrow{OM_1} = x_1\boldsymbol{e_1} + y_1\boldsymbol{e_2} + z_1\boldsymbol{e_3},$$

$$\overrightarrow{OM_2} = x_2\boldsymbol{e_1} + y_2\boldsymbol{e_2} + z_2\boldsymbol{e_3}.$$

根据数乘向量的运算律, 有

$$\overrightarrow{OM_1} + \overrightarrow{OM_2} = x_1e_1 + y_1e_2 + z_1e_3 + x_2e_1 + y_2e_2 + z_2e_3$$
$$= (x_1 + x_2)e_1 + (y_1 + y_2)e_2 + (z_1 + z_2)e_3,$$
$$\lambda\overrightarrow{OM_1} = \lambda(x_1e_1 + y_1e_2 + z_1e_3)$$
$$= (\lambda x_1)e_1 + (\lambda y_1)e_2 + (\lambda z_1)e_3,$$
$$\overrightarrow{OM_1} \cdot \overrightarrow{OM_2} = (x_1e_1 + y_1e_2 + z_1e_3) \cdot (x_2e_1 + y_2e_2 + z_2e_3)$$
$$= (x_1x_2)(e_1 \cdot e_1) + (x_1y_2)(e_1 \cdot e_2) + (x_1z_2)(e_1 \cdot e_3)$$
$$+ (y_1x_2)(e_2 \cdot e_1) + (y_1y_2)(e_2 \cdot e_2) + (y_1z_2)(e_2 \cdot e_3)$$
$$+ (z_1x_2)(e_3 \cdot e_1) + (z_1y_2)(e_3 \cdot e_2) + (z_1z_2)(e_3 \cdot e_3)$$
$$= x_1x_2 + y_1y_2 + z_1z_2.$$

即在 e_1, e_2, e_3 基底上, 两个向量相加就是对应坐标相加, 数乘向量就是数乘每一个坐标, 两个向量的内积就是对应坐标乘积之和.

注 8 由于内积运算的引入, 我们有

$$\cos\left\langle \overrightarrow{OM_1}, \overrightarrow{OM_2} \right\rangle = \frac{\overrightarrow{OM_1} \cdot \overrightarrow{OM_2}}{\left|\overrightarrow{OM_1}\right| \cdot \left|\overrightarrow{OM_2}\right|}$$
$$= \frac{x_1x_2 + y_1y_2 + z_1z_2}{\sqrt{x_1^2 + y_1^2 + z_1^2} \cdot \sqrt{x_2^2 + y_2^2 + z_2^2}}.$$

从上面的公式中, 我们可以求出两个向量的夹角.

3.2 平直与弯曲

(一) 直线与曲线

在中学数学中, 我们已经学习过有关直线的内容. 在那里, 直线是不加定义的概念, 或称之为**原始概念**, 直线是凭借人们的直觉抽象出来的.

直线

讨论 你能在现实生活中找到一条直线的具体例子吗?

下面, 我们用数学的手段来刻画直线.

定义 3.2.1　给定空间中两点 A 与 B (图 3.2.1) 在连接 A, B 两点的所有曲线中, 长度最短的连线, 称为**直线段**.

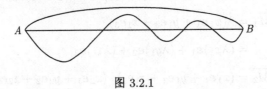

图 3.2.1

评论 1　在荀子的劝学篇中, 有句 "木直中绳", 意即拉紧的绳子是直的. 这是人们最容易认识的 "直". 在《现代汉语词典》中, 对直的解释是 "与 '曲' 相对", 也就是说, 人们不会用其他语言来说明什么是 "直". 直是一个非常基本的概念, 把基本的事物说清楚, 常常是很难的. 因此, 我们从直线段开始. 直线段可以任意长, 只需 A, B 两点的距离是足够远, 但是直线段不是无限长, 而是有限长, 这是直线段与中学数学中直线概念的根本区别.

有了直线段的概念后, 我们可以严格地定义直角坐标.

定义 3.2.2　具有给定长度单位的两条相互垂直的直线段组成的图形, 交点为坐标原点 $O(0,0)$, 横轴 Ox 向右为正向, 纵轴向上为正向, 如图 3.2.2.

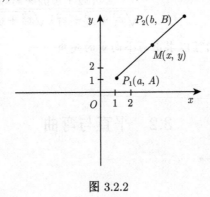

图 3.2.2

评论 2　中国的一句名言: "没有规矩, 不成方圆." 其中之 "规" 是圆规, 其中之 "矩" 是直角尺 (或拐尺). 画图的基本工具是直尺与圆规, 使用圆规即可画出直角. 因此我们可以画出两条直线段相互垂直.

规矩的重要性不仅表现在作图中, 一个群体没有规矩, 必将乱成一团.

我们提出如下的问题: 直线段 AB 上的动点 M 的坐标 x, y 将满足什么条件?

我们在《现代数学与中学数学》中已经证明了存在常数 c_1, c_2, c_3 使得

$$c_1 x + c_2 y + c_3 = 0. \tag{1}$$

因此, 我们可以有以下定义.

定义 3.2.3 集合 $\ell \subset \mathbf{R}^2$, 存在常数 $c_1, c_2, c_3, (c_1, c_2) \neq (0, 0)$,

$$\ell = \{(x, y) \,|\, c_1 x + c_2 y + c_3 = 0, x \in \mathbf{R}, y \in \mathbf{R}\}, \tag{2}$$

则称 ℓ 是 $\mathbf{R}^2$ 中的一条**直线**.

注 1 定义 3.2.3 给出了直线的代数定义, 即直线 ℓ 就是这些点对 (x, y) 的全体.

注 2 $(c_1, c_2) \neq (0, 0)$, 但允许 $c_1 = 0$ 或 $c_2 = 0$. 当 $c_1 = 0$ 时, $c_2 \neq 0$, 则 $c_2 y + c_3 = 0$ 是一条平行于 Ox 轴的直线; 当 $c_2 = 0$ 时, $c_1 \neq 0$, 则 $c_1 x + c_3 = 0$ 是一条平行于 Oy 轴的直线.

我们来讨论 (1) 式中常数 c_1, c_2, c_3 的几何意义 (图 3.2.3).

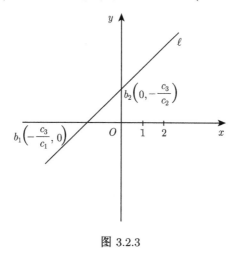

图 3.2.3

$-\dfrac{c_3}{c_1}, -\dfrac{c_3}{c_2}$ 分别称为直线 ℓ 在 Ox 轴与 Oy 轴的截距.

向量 $\left(\dfrac{1}{c_1}, -\dfrac{1}{c_2}\right)$ 与直线 ℓ 平行, 称 $\left(\dfrac{1}{c_1}, -\dfrac{1}{c_2}\right)$ 为直线 ℓ 的**方向向量**. 直

线 l 的方程可以改写成

$$\frac{x+\dfrac{c_3}{c_1}}{\dfrac{1}{c_1}} = \frac{y}{-\dfrac{1}{c_2}}. \tag{3}$$

由于 $(c_1, c_2) \cdot \left(\dfrac{1}{c_1}, -\dfrac{1}{c_2}\right) = 0$, 故向量 (c_1, c_2) 与向量 $\left(\dfrac{1}{c_1}, -\dfrac{1}{c_2}\right)$ 垂直, 即向量 (c_1, c_2) 与直线 l 垂直, 故

$$(c_1, c_2) \cdot \left(x + \frac{c_3}{c_1}, y\right) = 0, \tag{4}$$

即

$$c_1 x + c_2 y + c_3 = 0.$$

注 3　平面上的一条直线 l 是由平面上的一个点 $M_0(x_0, y_0)$ 和一个方向向量 (c_1, c_2) 所决定的, 若 l 与方向向量 (c_1, c_2) 平行, 则直线方程为

$$\frac{x - x_0}{c_1} = \frac{y - y_0}{c_2}. \tag{3'}$$

若 l 与方向向量 (c_1, c_2) 垂直, 则

$$(c_1, c_2) \cdot (x - x_0, y - y_0) = 0, \tag{4'}$$

即

$$c_1 x + c_2 y - (c_1 x_0 + c_2 y_0) = 0.$$

令二元函数

$$F(x, y) = c_1 x + c_2 y + c_3, \tag{5}$$

则

$$F(x, y) = 0 \tag{6}$$

就是一条直线 l 的方程. 一般来说, 满足方程 (6) 的点 $M(x, y)$ 未必在一条直线上.

定理 3.2.1　满足方程 (6) 的点 $M(x, y)$ 组成一条直线当且仅当 $F(x, y)$ 是变量 x 与 y 的一次函数 (5).

另有特殊的一元函数 $f(x)$, 满足如下的关系式:

$$f(k_1 x_1 + k_2 x_2) = k_1 f(x_1) + k_2 f(x_2) \tag{7}$$

定义 3.2.4 称满足 (7) 式的函数 $f(x)$ 为 **线性函数**.

可以证明, $y = f(x)$ 是线性函数当且仅当 $y = cx$, 即 $y = f(x)$ 的图像是通过坐标原点的直线.

注 4 我们可以将方程 (3') 推广到三维的情形, 即直线 ℓ 通过点 $M_0(x_0, y_0, z_0)$, 直线的方向向量为 (c_1, c_2, c_3), 则直线 ℓ 的方程为

$$\frac{x - x_0}{c_1} = \frac{y - y_0}{c_2} = \frac{z - z_0}{c_3}. \tag{3''}$$

直线方程 (1) 与 (3') 是一条直线的两种不同表达方式. 从 (3') 式可以把平面直线推广到空间直线, 而从 (1) 式不能把平面直线推广到空间直线, 可见不同表达方式效果是不同的.

若 $F(x, y)$ 不是一次函数, 则 $F(x, y) = 0$ 的图像就是一条曲线. 典型的曲线有

$$F_1(x, y) = y - x^2 = 0,$$
$$F_2(x, y) = x^2 + y^2 - 1 = 0,$$
$$F_3(x, y) = \left(\frac{x}{a}\right)^2 + \left(\frac{y}{b}\right)^2 - 1 = 0,$$
$$F_4(x, y) = \left(\frac{x}{a}\right)^2 - \left(\frac{y}{b}\right)^2 - 1 = 0.$$

我们分别称 $F_1(x, y), F_2(x, y), F_3(x, y)$ 与 $F_4(x, y)$ 的图像为 **抛物线、圆、椭圆** 与 **双曲线**.

我们通常记

$$S_1 = \left\{(x, y) \,\middle|\, x^2 + y^2 = 1\right\},$$

将 S_1 去掉一个点 N, 则 $S_1 \backslash \{N\}$ 上的点与直线上的点可以建立一个一一映射 (图 3.2.4).

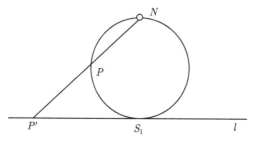

图 3.2.4

显然, $S_1 \setminus \{N\}$ 上的点 P 与直线 ℓ 上的点 P' 一一对应, 在这个意义下, 可以把 $S_1 \setminus \{N\}$ 看成是一条无限长的直线.

评论 3   直与曲是对立的统一体. 在局部看, 曲线与直线几乎是相同的; 在整体上看, 绝对的直是没有的. 例如, 地球上的赤道, 截取 1 米长, 可以说是直的, 但同时, 它是圆的一部分, 也就是曲线.

(二) 平面与曲面

在现实世界中, 我们找不到直线的例子, 直线是数学家创造出来的. 直线是平面的子集, 因此, 在现实世界中也不存在平面, 我们看到的都是平面的一部分.

平面

评论 4   整体与局部的关系是: 整体存在, 局部才能存在, 局部不存在, 则整体一定不存在. 同理, 整体最优, 局部才能最优, 局部不优, 整体一定不优. 局部具有某种性质是整体具有该性质的必要条件.

问题   整体具有的某种性质, 局部是否一定具有该性质?

一个平面可以由空间中一个点 $M_0(x_0, y_0, z_0)$ 与一个法向量 (a, b, c) 唯一决定, 平面 π 上任意一点 $M(x, y, z)$, 则向量 $\overrightarrow{M_0 M}$ 与法向量 (a, b, c) 相互垂直, 故有

$$(a, b, c) \cdot (x - x_0, y - y_0, z - z_0) = 0, \tag{8}$$

即

$$ax + by + cz - (ax_0 + by_0 + cz_0) = 0.$$

平面方程的一般形式为

$$ax + by + cz + d = 0. \tag{8'}$$

令三元函数

$$F(x, y, z) = ax + by + cz + d, \tag{9}$$

则

$$F(x, y, z) = 0 \tag{9'}$$

就是平面 π 的方程.

特别地, 当 $(a,b,c) = (0,0,1)$, $d = 0$ 时, 由 (8′) 式给出的方程为 $z = 0$, 即 xOy 平面.

在平面 $z = 0$ 上, 我们关心如下的基本问题.

(1) 平面上连接两点 A, B 的曲线中, 哪条曲线长最短?

(2) 平面上直线 ℓ 外的一点 M, 是否有平行于 ℓ 的直线? 若有, 有多少?

(3) 平面上三角形的边角之间的关系如何?

事实上, 在中学几何中已经回答了上述问题.

问题 (1) 的答案: 在连接两点 A, B 的曲线中, 线段的长度最短.

问题 (2) 的答案: 平面上过直线 ℓ 外的一点 M, 有且仅有一条与 ℓ 平行的直线 (这是欧几里得平面几何的公理).

问题 (3) 的答案较多, 主要包括以下两个结论:

(I) 角之间的关系: 三角形的三内角之和是 $180°$.

(II) 边角之间的关系 (余弦定理): 设 $\triangle ABC$ 的三边长为 a, b, c (图 3.2.5), 则

$$a^2 = b^2 + c^2 - 2bc \cos A.$$

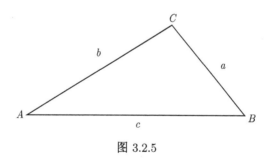

图 3.2.5

证明　根据向量运算, 有

$$\overrightarrow{BC} = \overrightarrow{AC} - \overrightarrow{AB},$$

故有

$$a^2 = \overrightarrow{BC} \cdot \overrightarrow{BC} = \left(\overrightarrow{AC} - \overrightarrow{AB}\right) \cdot \left(\overrightarrow{AC} - \overrightarrow{AB}\right)$$
$$= \overrightarrow{AC} \cdot \overrightarrow{AC} + \overrightarrow{AB} \cdot \overrightarrow{AB} - 2\overrightarrow{AC} \cdot \overrightarrow{AB}$$
$$= b^2 + c^2 - 2bc \cos A.$$

注 5　由该定理, 我们有

$$c - b < a < c + b \quad (\text{或 } b - c < a < b + c),$$

a 边长依赖于 b 与 c 的边长与夹角 A. 当 b, c 固定后, a 依赖于角 A 在变化. 特别地, $\angle A = 90°$, 即 $\triangle BAC$ 为直角三角形, 则

$$a^2 = b^2 + c^2,$$

即余弦定理的特殊形式是勾股定理.

评论 5　研究事物的发展方向通常有两个. 一个是由特殊到一般, 一个是由一般到特殊. 特殊到一般的过程是会得到一个更加一般性的结果, 一般到特殊的过程会得到一个更深刻的结果. 两个工作都有其意义.

在上面的讨论中, 余弦定理是一般性的结果, 勾股定理是特殊的深刻性的结果.

问题　如何直接证明勾股定理?

一般说来, 满足方程 (9′) 的点 $M(x, y, z)$ 在一个平面 π 上且仅当 $F(x, y, z)$ 是变量 x, y 与 z 的一次函数.

若 $F(x, y, z)$ 不是一次函数, 则 $F(x, y, z) = 0$ 的图像就是一个曲面. 典型的曲面有

球面: $x^2 + y^2 + z^2 - 1 = 0.$

椭圆面: $\left(\dfrac{x}{a}\right)^2 + \left(\dfrac{y}{b}\right)^2 + \left(\dfrac{z}{c}\right)^2 - 1 = 0.$

锥面: $\dfrac{x^2}{a^2} + \dfrac{y^2}{b^2} - \dfrac{z^2}{c^2} = 0.$

典型曲面

球面

下面, 我们重点来讨论球面 (图 3.2.6).

我们记

$$S_2 = \left\{ (x, y, z) \,\middle|\, x^2 + y^2 + z^2 = 1 \right\}. \tag{10}$$

我们讨论如下的几个问题:

(4) 球面 S_2 上连接 A, B 两点的弧线中, 哪条曲线弧长最短?

我们记 π_0 是过坐标原点的平面, 称 $\pi_0 \cap S_2$ 为 S_2 的**测地线**, 显然, 任取一个平面 $\pi, \pi \cap S_2$ 可能是空集, 一个点, 或一个圆, 假设 $\pi \cap S_2$ 是一个圆, 则该圆的周长不超过 $\pi_0 \cap S_2$ 的周长. 因此, 我们也称测地线是球面 S_2 的大圆.

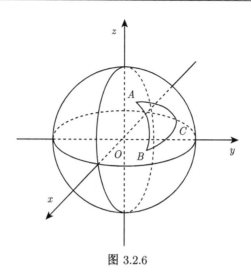

图 3.2.6

对于问题 (4), 我们做平面 π_{OAB} 过点 O, A 与 B, 则 $\pi_{OAB} \cap S_2$ 的劣弧 (即弧长较短的部分) 是连接 A, B 两点长度最短的弧.

(5) S_2 上已知大圆外一点 M, 是否有过 M 的大圆与已知大圆不相交?

球面与平面是不同的, 平面上过已知直线外一点 M, 只能做一条直线与已知直线不相交, 但在 S_2 上, 任意的两个大圆都相交.

过坐标原点 O 的三个平面 π_1, π_2, π_3 满足 $\pi_1 \cap \pi_2 \cap \pi_3 = \{O\}$, 则 3 个平面构成了 8 个锥面, 取其中的一个锥面 V_1, 则 $V_1 \cap S_2$ 形成了球面三角形 ABC (图 3.2.6). 其中 $AB \subset \pi_1 \cap S_2, BC \subset \pi_2 \cap S_2, AC \subset \pi_3 \cap S_2$, 过点 A 做 S_2 的切平面 $\pi_A, \pi_1 \cap \pi_A$ 与 $\pi_3 \cap \pi_2$ 是平面 π_A 上的两条直线, 相应的夹角的度数定义为球面三角形 ABC 中角 A 的夹角的度数, 同样, 可以定义角 B 与角 C 的度数.

(6) S_2 上球面三角形边角的关系如何?

球面三角形 ABC 的三内角和大于 $180°$, 勾股定理不再成立. 例如: π_1 为 xOz 面, π_2 为 xOy 面, π_3 为 yOz 面. V_1 为第一卦限部分. 此时 $V_1 \cap S_2$ 为球面在第一卦限的部分. 则有 $\angle A = \angle B = \angle C = 90°$ 且 $AB = BC = AC = \dfrac{1}{2}\pi$.

评论 6 维度不同, 能看到的事情就不同; 尺度不同, 看到的事情也不同. 直线与曲线的差异少于平面与曲面的差异, 其原因在于维度的不同. 篮球场地是平面还是曲面的认定, 取决于观察者与篮球场地的距离, 即尺度的不同.

3.3　长度、面积与体积

对于给定的几何对象, 人们关心的两个基本问题是形状如何, 大小如何? 形状和大小都与几何对象的维数相关. 一维的几何对象的形状区分为直线的一部分与曲线, 其大小为长度; 二维的几何对象的形状是平面的一部分或曲面的一部分, 如三角形、四边形, 或者圆等, 其大小为面积; 三维的几何对象的形状区分如柱、锥、台、球等, 其大小为体积.

几何对象的大小是度量出来的. 凡是度量, 必须有一个度量单位.

(一) 长度

1. 线段的长度

对于线段 ℓ 及单位长度 1(例如 1 米), 若 ℓ 恰好有 a_0 (自然数) 个单位长度, 则称

长度

$$\ell \text{ 的长度 } = a_0.$$

若不然, 即 $a_0 < \ell$ 的长度 $< a_0 + 1$, 则对度量 a_0 次后的剩余部分用 $\dfrac{1}{10}$ 单位长度去量, 若刚好能量尽, 则称

$$\ell \text{ 的长度 } = a_0.a_1.$$

若不然, 即 $a_0.a_1 < \ell$ 的长度 $< a_0.a_1 + \dfrac{1}{10}$, 则对长度为 $a_0.a_1$ 的剩余部分用 $\dfrac{1}{100}$ 单位长度去量, 如此进行下去, 可能进行到某一步恰好量尽, 则称

$$\ell \text{ 的长度 } = a_0.a_1 a_2 \cdots a_n.$$

否则, 如上的做法一直进行下去, 则称

$$\ell \text{ 的长度 } = \lim_{n \to \infty} (a_0.a_1 \cdots a_n).$$

2. 曲线的长度

在这里, 我们以圆为例, 来计算圆

$$\left\{(x,y)\,\big|\,x^2 + y^2 = r^2\right\}$$

的周长 (图 3.3.1).

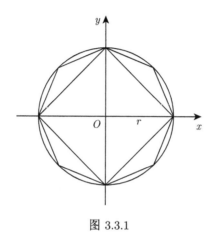

图 3.3.1

我们采用圆内接正多边形周长逼近的方法, 记 $\theta_1 = 90°$, ℓ_1 为圆内接正四边形的周长, 则

$$\ell_1 = 4 \times 2 \cdot r \sin \frac{\theta_1}{2},$$

ℓ_2 为圆内接正八边形 ($8 = 4 \times 2$) 的周长, ℓ_3 为圆内接正十六边形 ($16 = 4 \times 2^2$) 的周长, $\cdots$, ℓ_n 为边数为 $4 \times 2^{n-1}$ 的正多边形的周长. 我们有

$$\ell_n = 4 \cdot 2^{n-1} \cdot 2 \cdot r \cdot \sin \frac{\theta_n}{2} = 4 \cdot 2^n \cdot r \cdot \sin \frac{\theta_n}{2},$$

其中 $\theta_n = \frac{1}{2}\theta_{n-1}, n = 2, 3, \cdots$.

从图 3.3.1 可见, $\ell_n > \ell_{n-1}$ (在三角形中, 两边之和大于第三边), 即数列 ℓ_n 是一单调增加的数列, 同时, ℓ_n 有上界, 即 $\ell_n \leqslant 8r$ ($8r$ 为圆外切正方形的周长, 故数列 ℓ_n 存在极限, 记为 ℓ), 则称

$$\ell = \lim_{n\to\infty} \ell_n$$

为半径为 r 的圆的周长.

下面, 我们来计算 ℓ_n, 为此, 我们先来计算 $\cos\dfrac{\theta_n}{2}$, 为此有

$$\theta_1 = 90°, \quad \theta_2 = \frac{1}{2}\theta_1, \quad \theta_3 = \frac{1}{2^2}\theta_1, \quad \cdots, \quad \theta_n = \frac{1}{2^{n-1}}\theta_1.$$

利用半角公式,

$$\cos\frac{\theta}{2} = \sqrt{\frac{1}{2}\left(1+\cos\theta\right)}, \quad 0° \leqslant \theta \leqslant 90°,$$

可得

$$\cos\theta_2 = \sqrt{\frac{1}{2}\left(1+\cos 90°\right)} = \frac{1}{2}\sqrt{2},$$

$$\cos\theta_3 = \sqrt{\frac{1}{2}\left(1+\cos\theta_2\right)} = \sqrt{\frac{1}{2}+\frac{1}{4}\sqrt{2}} = \frac{1}{2}\sqrt{2+\sqrt{2}}.$$

一般地, 我们有

$$\cos\theta_{n+1} = \frac{1}{2}\sqrt{2+\sqrt{2+\cdots+\sqrt{2}}} \quad (n\ \text{个根号}).$$

根据 ℓ_n 的表达式, 我们有

$$\begin{aligned}
\ell_n &= 4\cdot 2^n\cdot r\sin\theta_{n+1}\\
&= 4\cdot 2^n\cdot r\sqrt{1-\cos^2\theta_{n+1}}\\
&= 2\cdot 2^n\cdot r\cdot 2\sqrt{1-\cos^2\theta_{n+1}}\\
&= 2r\cdot 2^n\sqrt{2-\sqrt{2+\sqrt{2+\cdots+\sqrt{2}}}} \quad (n\ \text{个根号}).
\end{aligned}$$

由前面讨论知, $\lim\limits_{n\to\infty}\ell_n$ 存在, 即

$$\lim_{n\to\infty} 2^n\sqrt{2-\sqrt{2+\sqrt{2+\cdots+\sqrt{2}}}}$$

存在, 设其极限为 π, 即

$$\lim_{n\to\infty} 2^n\sqrt{2-\sqrt{2+\sqrt{2+\cdots+\sqrt{2}}}} = \pi, \tag{1}$$

从而有圆周长

$$\ell = 2\pi r. \tag{2}$$

注 1 在本节的 1. 线段的长度中, 我们给出了线段的度量, 在本节的 2. 曲线的长度中, 我们用折线的序列来逼近圆, 我们同样可以用折线的方法来逼近任意给定的曲线. 解决问题时, 从简单的问题入手, 再推广到一般的问题, 是一基本的思想方法.

注 2 通过计算, 令 $\pi_i = 2^i \sqrt{2 - \sqrt{2 + \cdots + \sqrt{2}}}$ (i 个根号), 计算: $\pi_1, \pi_2, \pi_3,$ $\pi_4, \pi_5, \pi_6, \pi_7, \pi_8, \pi_9, \pi_{10}$ (十位小数).

$$\pi_1 = 2.8284271247,$$

$$\pi_2 = 3.0614674589,$$

$$\pi_3 = 3.1214451523,$$

$$\pi_4 = 3.1365484905,$$

$$\pi_5 = 3.1403311570,$$

$$\pi_6 = 3.1412772509,$$

$$\pi_7 = 3.1415138011,$$

$$\pi_8 = 3.1415729404,$$

$$\pi_9 = 3.1415877253,$$

$$\pi_{10} = 3.1415914215.$$

(二) 面积与体积

1. 矩形的面积

定义 3.3.1 边长为 1 个单位长度的正方形, 其面积为 **1 平方单位**.

面积与体积

例如, 当单位长度为米时, 边长为 1 米的正方形, 其面积为 1 平方米.

对于给定的矩形 Σ, 设其边长分别为 a 与 b, 若 a 与 b 恰好是单位长度的整数倍, 则 Σ 的面积

$$M_\Sigma = a \times b.$$

若 a 与 b (或者 a 或 b) 不是单位长度的整数倍, 则存在整数 a_0 与 b_0, 使得 $a_0 < a < a_0 + 1$, $b_0 < b < b_0 + 1$ (或为两者中的一者), 则对度量 a_0 次 (b_0 次) 后的剩余部分用 $\dfrac{1}{10}$ 单位长度去量, 若刚好量尽, 则 $a = a_0.a_1, b = b_0.b_1$, 则

$$M_\Sigma = a_0.a_1 \times b_0.b_1 = a \times b.$$

若不然, $a_0.a_1 < a < a_0.(a_1 + 1)$, $b_0.b_1 < b < b_0.(b_1 + 1)$, 则对 $a - a_0.a_1, b - b_0.b_1$ 部分用 $\dfrac{1}{100}$ 单位长度去量, 如此进行下去, 可能在某一次恰好量尽, 则

$$M_{\Sigma} = (a_0.a_1 a_2 \cdots a_n) \times (b_0.b_1 b_2 \cdots b_n) = a \times b.$$

否则, 如上的做法一直进行下去, 则称

$$
\begin{aligned}
M_{\Sigma} &= \lim_{n \to \infty} \left[(a_0.a_1 \cdots a_n) \times (b_0.b_1 \cdots b_n) \right] \\
&= \lim_{n \to \infty} (a_0.a_1 \cdots a_n) \times \lim_{n \to \infty} (b_0.b_1 \cdots b_n) \\
&= a \times b
\end{aligned}
$$

是矩形 Σ 的面积.

2. 三角形的面积

对于给定的三角形, 我们已知底边长及底边上的高, 如何求该三角形的面积 (图 3.3.2)?

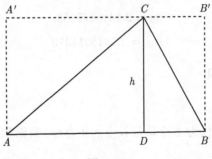

图 3.3.2

过点 C 做线段 $A'B'$, $A'B'//AB$, $A'B' = AB$, 使四边形 $ABB'A'$ 是一矩形, 从而有 $\triangle ACD$ 与 $\triangle ACA'$ 全等, $\triangle BCD$ 与 $\triangle BCB'$ 全等, 从而矩形 $ABB'A'$ 的面积是 $\triangle ABC$ 面积的二倍, 故 $\triangle ABC$ 的面积 $M_{\triangle ABC}$ 为

$$M_{\triangle ABC} = \frac{1}{2} |AB| \cdot h,$$

其中 $|AB|$ 表示底边 AB 的长度.

注 3   数学中解决问题的方法之一是转化, 求三角形的面积是一个问题, 人们将它转化为求矩形面积的问题, 而求矩形面积是一个已经解决的问题. 解决问题的途径就是建立三角形面积与矩形面积之间的关系.

3. 圆的面积

在本节的前面, 我们使用了多边形的周长来逼近圆的周长, 在这里, 我们利用正多边形的面积来逼近圆的面积.

如图 3.3.1 所示, 记 $\theta_1 = 90°$, $\theta_n = \dfrac{1}{2}\theta_{n-1}$, $n = 2, 3, \cdots$, M_n 记为正 $4 \cdot 2^{n-1}$ 边形的面积, 则有

$$M_n = 4 \cdot 2^{n-1}\frac{1}{2}r^2 \sin\theta_n$$
$$= 2^n r^2 \sin\theta_n,$$

由前面的证论知

$$\sin\theta_n = \frac{1}{2}\sqrt{2 - \sqrt{2 + \cdots + \sqrt{2}}} \quad (n-1 \text{ 个根号}).$$

故有圆的面积 M 为

$$M = \lim_{n\to\infty} M_n = r^2 \lim_{n\to\infty}(2^{n-1} \cdot \sqrt{2 - \sqrt{2 + \cdots + \sqrt{2}}}) \quad (n-1 \text{ 个根号})$$
$$= \pi r^2.$$

4. 长方体的体积

定义 3.3.2 边长为 1 个单位长度的正方体, 其体积为 **1 立方单位**.

例如, 当单位长度为米时, 边长为 1 米的正方体, 其体积为 1 立方米.

完全类似于长方形面积的讨论, 对长, 宽, 高分别为 a, b 和 c 的长方体, 其体积 V 为

$$V = a \cdot b \cdot c.$$

对于其他几何体 (例如锥、球等) 的体积的计算, 我们留在后面讨论.

3.4 正 则 图 形

在数学上, 没有定义什么是正则图形. 在这里, 我们是指在同类图形中, 具有某种特殊性质的图形.

(一) 平面上的正多边形

定义 3.4.1　在 n 边形中, 若各边长相等, 各角都相等, 称其为**正 n 边形**. 称正 n 边形中相邻边的交点为**顶点**, 称正 n 边形内到各顶点距离都相等的点为正 n 边形的**中心**, 如图 3.4.1, A, B, C 是正三角形 ABC 的顶点, O 是中心, A', B', C', D' 是正四边形 $A'B'C'D'$ 的顶点, O' 是中心.

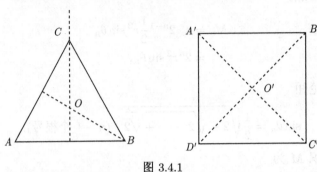

图 3.4.1

定理 3.4.1　正 n 边形是有 n 条对称轴的轴对称图形, 是旋转角 $\theta = \dfrac{2\pi}{n}$ 的旋转对称图形.

证明　结论显然.

我们来讨论周长一定的 n 边形中, 哪一个 n 边形的面积最大?

定理 3.4.2　周长为定长的 n 边形中, 面积最大的 n 边形一定边长相等.

证明　事实上, 若 n 边形有两条边不等, 则一定有两条邻边不等, 不失一般性, 我们以四边形为例, 设四边形 $ABCD$ 中两条边不等 (图 3.4.2), 其中 $AB \neq BC$.

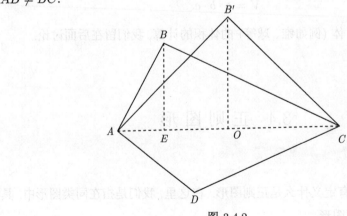

图 3.4.2

我们固定 $\triangle ADC$ 不变动, 让 B 点成为动点, 使 $AB + BC = 2\ell$ 是一个常值, B 点动点的轨迹是一椭圆, 当 B 点运动到 AC 的垂直平分线上的 B' 点时, 则有 $B'O > BE$, 我们用 M 表示面积, 则

$$M_{\triangle AB'C} > M_{\triangle ABC},$$

从而四边形 $ABCD$ 面积不是最大.

因此, 周长一定的 n 边形中, 面积最大的 n 边形边长两两相等.

定理 3.4.3 圆内接 n 边形中, 正 n 边形的面积最大.

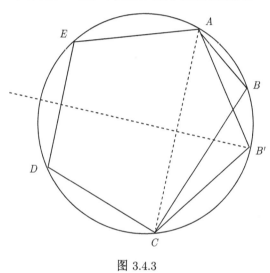

图 3.4.3

证明 以五边形为例, 如图 3.4.3 所示, 设 $AB \neq BC$ 我们固定四边形 $AEDC$ 不动, 让 B 点为动点, 当 B 点沿圆周运动到 AC 的垂直平分线上的 B' 时, 则有

$$M_{\triangle AB'C} > M_{\triangle ABC},$$

故

$$M_{AB'CDE} > M_{ABCDE},$$

即当有两条边长不等时, 面积一定不是最大, 因此, 圆内接 n 边形中正 n 边形面积最大.

注 1 定理 3.4.2 与定理 3.4.3 两个定理是不等价的, 一个条件是周长一定, 一个条件是内接于圆. 但证明的方法是相同的, 其基本的思想方法是全局最

大时, 一定会局部最大. 反之, 若局部都不是最大的, 则整体也不是最大的.

推论 1　以扇形两半径为邻边, 内接同一扇形的所有 $n+2$ 边形中, 当内接于圆弧的 n 条边 (弦) 相等时, $n+2$ 边形的面积最大 (图 3.4.4).

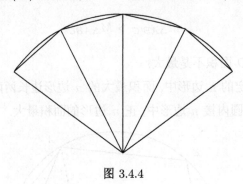

图 3.4.4

证明　与定理 3.4.3 的证明方法完全相同.

我们讨论下面的问题: 在四边形中, 其中的三条边给定, 这样的四边形中哪一个四边形的面积最大 (图 3.4.5)?

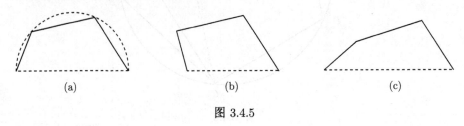

(a)　　　　　　　　　　　(b)　　　　　　　　　　　(c)

图 3.4.5

我们有下面更一般的结果.

定理 3.4.4　设 n 边形中, $n-1$ 条边长度给定, 有一条边的长度任意选取. 在这样的 n 边形中, 具有最大面积的 n 边形是内接于以长度可以任意选取的那条边为直径的半圆周的 n 边形 (图 3.4.6).

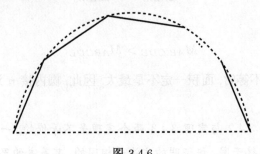

图 3.4.6

证明 以五边形为例. $A_1A_2, A_2A_3, A_3A_4, A_4A_5$ 给定, A_1A_5 长度可改变. 在 A_2, A_3, A_4 中任取一点, 不妨取 A_3. 连接 A_1A_3, A_3A_5, 使 $\triangle A_1A_2A_3$, $\triangle A_3A_4A_5$ 固定不变. $M_{A_1A_2A_3A_4A_5} = M_1 + M_2 + M_3$. 此时, $M_{A_1A_2A_3A_4A_5}$ 取最大值当且仅当 M_3 取最大值, 而 M_3 取最大值当且仅当 $\angle A_1A_3A_5$ 是直角, 即 A_3 要在以 A_1A_5 为直径的半圆周上. 同理, 要使 $M_{A_1A_2A_3A_4A_5}$ 取最大值, 点 A_2, A_4 都要在以 A_1A_5 为直径的半圆周上.

注 2 问题是与圆无关的, 而结论是与圆有关的, 这就是圆的正则性所致.

定理 3.4.5 在给定的 n 个边长的 n 边形中, 能够内接于圆的 n 边形具有最大的面积.

证明 设 $A_1A_2 \cdots A_{n-1}A_n$ 为具有给定 n 个边长且内接于圆的 n 边形; $B_1B_2 \cdots B_{n-1}B_n$ 为具有同样的边长而不内接于圆的 n 边形 (图 3.4.7).

我们将证明

$$M_{A_1A_2 \cdots A_{n-1}A_n} > M_{B_1B_2 \cdots B_{n-1}B_n}$$

我们取定点 A, 做直径 A_1A, 设 A 在圆弧 A_iA_{i+1} 上. 做 $\triangle A_iAA_{i+1}$, 并且做三角形 B_iBB_{i+1}, 使得 $\triangle A_iAA_{i+1}$ 与 $\triangle B_iBB_{i+1}$ 全等. 连接 B_1B, 则多边形 $B_1B_2 \cdots B_iB$ 与多边形 $BB_{i+1} \cdots B_nB_1$ 中至少有一个不内接于以 B_1B 为直径的半圆, 不妨设多边形 $B_1B_2 \cdots B_iB$ 不内接于以 B_1B 为直径的半圆, 由定理 3.4.4 知

$$M_{A_1A_2 \cdots A_iA} > M_{B_1B_2 \cdots B_iB},$$

且

$$M_{AA_{i+1} \cdots A_nA_1} \geqslant M_{BB_{i+1} \cdots B_nB_1},$$

所以有

$$M_{A_1A_2 \cdots A_iA_{i+1} \cdots A_n} > M_{B_1B_2 \cdots B_iB_{i+1} \cdots B_n},$$

定理得证.

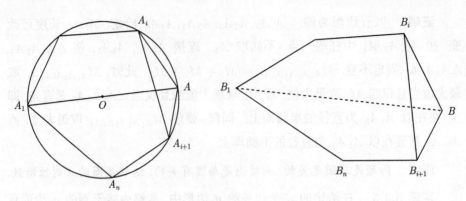

图 3.4.7

有了上述的准备工作, 现给出本节的一个核心结论.

定理 3.4.6　周长一定的 n 边形中, 正 n 边形面积最大.

证明　由定理 3.4.2 知, 边长不相等的 n 边形达不到面积最大. 对于边长相等的 n 边形中, 由定理 3.4.5 知, 若不能内接于圆时, 面积不能最大, 因此, 面积最大的 n 边形是边长相等且内接于圆. 该 n 边形是正 n 边形.

定理 3.4.7　周长一定的正多边形, 有 $M_n < M_{n+1}$, 其中 M_k 表示正 k 边形的面积.

证明　我们以 $n = 3$ 为例. 设 $\triangle ABC$ 为正三角形 (图 3.4.8).

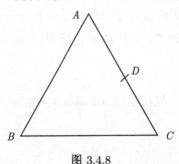

图 3.4.8

在 AC 边上任取一点 D, 我们可以将 $\triangle ABC$ 看成是四边形 $ABCD$, 从而有

$$M_3 = M_{ABC} = M_{ABCD} < M_4.$$

用同样的方法, 对任意的自然数 n, 有 $M_n < M_{n+1}$.

注 3　定理 3.4.7 告诉我们, 对于任意指定的 n, M_n 都不是最大的. 故周长一定的封闭图形, 面积最大的图形不是多边形.

定义 3.4.2 到平面上一定点 O 的距离是定长 r 的动点运动的轨迹, 称之为**圆**, 称 O 为**圆心**, 称 r 为圆的**半径**.

定理 3.4.8 平面上周长一定的封闭几何图形, 圆的面积最大.

证明 对于给定的周长 ℓ, 我们可以作正 n 边形, 其周长为 ℓ, 其面积为 M_n. 从而得到单调增加的序列: $M_3 < M_4 < \cdots < M_n < M_{n+1} < \cdots$, 且该序列有上界 (例如 ℓ^2), 故有极限存在. 设 $M = \lim\limits_{n \to \infty} M_n$, 由该极限知, M 是圆的面积, 故圆的面积最大.

我们来考虑蜂巢. 蜂巢由正六边形拼接而成 (图 3.4.9).

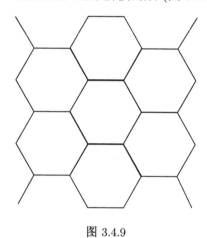

图 3.4.9

为什么蜂巢用正六边形拼接呢? 可以从数学的角度解释如下:

(1) 能够如此无缝拼接的正 n 边形只有正三边形、正四边形、正六边形;

(2) 由定理 3.4.6 和定理 3.4.7 知, 面积一定的条件下, 正六边形的周长最小.

(二) 空间中的正多面体

定义 3.4.3 由若干个多边形的面围成的空间称为**多面体**. 面与面的交线称为**棱**. 棱与棱的交点称为**顶点**. 若多面体的表面能连续地变形为球面, 称它为**简单多面体**, 若多面体的侧面的多边形都全等, 则称它为**正多面体**.

我们观察一个四面体 (图 3.4.10).

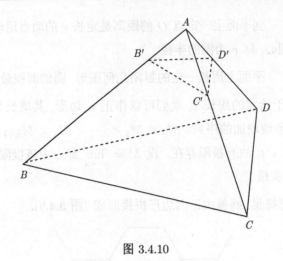

图 3.4.10

设 V 表示顶点数, F 表示面数, E 表示棱数, 则对于四面体, 有

$$V + F - E = 4 + 4 - 6 = 2.$$

我们用平面 $B'C'D'$ 截去四面体的上部, 成为一个五面体

$$V + F - E = 6 + 5 - 9 = 2.$$

一般地, 对于任意的简单多面体, 都有

$$V + F - E = 2. \tag{1}$$

公式 (1) 被称为**欧拉公式**.

在平面上, 我们可以做出正 n 边形 $(n \geqslant 3)$, 我们自然可以问: 在三维空间我们是否可以做出正 n 面体 $(n \geqslant 4)$?

我们可以画出正四面体、正六面体、正八面体、正十二面体、正二十面体 (图 3.4.11).

定理 3.4.9　正多面体有且仅有正四面体、正六面体、正八面体、正十二面体、正二十面体.

证明　设正多面体有 F 个面, 每个面都是 n 边形 $(n \geqslant 3)$, 则有

$$nF = 2E. \tag{2}$$

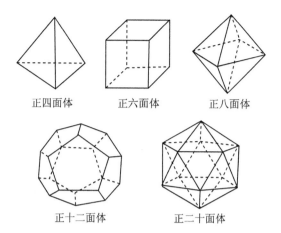

正四面体   正六面体   正八面体

正十二面体   正二十面体

图 3.4.11

设 r 条棱交于每个顶点, 则

$$rV = 2E. \tag{3}$$

由 (2) 式与 (3) 式得

$$nF = rV.$$

将 $E = \dfrac{n}{2}F$, $V = \dfrac{n}{r}F$ 代入 (1) 式得

$$F + \frac{n}{r}F - \frac{n}{2}F = 2. \tag{4}$$

因 $n \geqslant 3, r \geqslant 3, F \geqslant 4$,

$$0 < 1 + n\left(\frac{1}{r} - \frac{1}{2}\right) < 1,$$

即

$$-1 < n\left(\frac{1}{r} - \frac{1}{2}\right) < 0,$$

也就是

$$0 < n\left(\frac{1}{2} - \frac{1}{r}\right) < 1. \tag{5}$$

因 $r \geqslant 3$, 有 $\dfrac{1}{6} < \dfrac{1}{2} - \dfrac{1}{r} < \dfrac{1}{2}$, 故 $3 \leqslant n \leqslant 5$. 由 (5) 式, 若 $r \geqslant 6$, 则 $n < 3$. 与 $n \geqslant 3$ 矛盾, 故 $3 \leqslant r \leqslant 5$. 由 (5) 式, 我们得到

$$(n, r) \in \{(5, 3), (4, 3), (3, 3), (3, 4), (3, 5)\}.$$

相应地,

$$(F, V, E) \in \{(4,4,6), (6,8,12), (8,6,12), (12,20,30), (20,12,30)\},$$

故正多面体有且仅有正四面体、正六面体、正八面体、正十二面体、正二十面体.

评论 1   数学之美美在 "有且仅有", 在讨论 "有" 时, 具体地构造出来, 当然就 "有" 了, 在讨论 "仅有" 时, 采用了逻辑推理的方法, 特别要注意到, 正因为是正多面体, 才使 (2) 式与 (3) 式成立, 而对于一般的多面体, (2) 式与 (3) 式并不成立.

在数学的证明过程中, 给出的条件要得到充分的利用, 否则, 给出的条件是多余的.

定理 3.4.10   在棱长之和是定值 $(3d)$ 的长方体中, 正方体的体积最大.

证明   设长方体的长宽高分别为 a, b, c, 设 $d = \dfrac{1}{3}(a+b+c)$, 由 2.1 节知, 有

$$(a \cdot b \cdot c)^{\frac{1}{3}} \leqslant \frac{1}{3}(a+b+c)$$

即

$$a \cdot b \cdot c \leqslant \left[\frac{1}{3}(a+b+c)\right]^3 = d^3$$

即正方体的体积最大.

评论 2   从定理 3.4.6 与定理 3.4.10 中可见, 当一个边长很长或很短时, 其面积与体积都不会取最大值, 特别是一个边长趋于零时 (极端情形), 面积与体积趋于零. 只有每条边同样长时, 方能得到最大值. 中国人做事讲中庸之道, 不偏不倚, 不左不右, 折中调和, 不走极端. 在为人处世时, 严格要求自己, 办事知道节度, 不走极端, 可以通行无阻, 马到成功.

从定理 3.4.6 的结论看, 我们可以说, 正 n 边形是一个美的图形. 当 n 趋于无穷大时, 正 n 边形趋于圆.

有人认为最美的图形就是圆. 什么是美? 不同的观察者会有不同的收获. 沉稳的静景是凝固的美, 欢快的动景是流动的美; 流畅的直线是直爽的美, 优雅

的曲线是婉转的美; 喧闹的城市是繁华的美, 宁静的乡村是清幽的美. 从几何图形上说, 对称就是一种美. 圆是对称轴最多的平面几何图形.

请 您 思 考

A 组

1. 平面与空间的主要差异是什么?

2. 向量运算与数的运算异同是什么?

3. 平面向量与复数的异同是什么?

4. 举出物理学中一些向量的例子.

5. 请使用向量证明勾股定理.

6. 如何看待中学数学中直线的概念?

7. 一条线段的直与曲与观察者相关吗? 与观察的尺度相关吗?

8. 为什么要把车轮做成圆形的?

9. 做一个爬楼梯的车, 车轮形状该什么样? 和车的大小相关吗?

10. 你对方与圆有什么理解?

11. 圆规与直尺是作图的基本工具, 圆规的作用是什么?

12. 平面与球面有哪些不同?

13. 正多边形如何表现出一种美?

14. 正多边形与圆的关系是什么?

15. 正多边形与正多面体关系如何?

B 组

1. 设 $u = a - b + 2c, v = -a + 3b - c.$ 试用 a, b, c 表示 $2u - 3v.$

2. 已知两点 $A(4, 0, 5)$ 和 $B(7, 1, 3)$, 求与 $\overrightarrow{AB}$ 方向相同的单位向量 $e.$

3. 已知三点 $M(1, 1, 1), A(2, 2, 1)$ 和 $B(2, 1, 2)$, 求 $\angle AMB.$

4. 求过点 $M_0(2, -3, 0)$ 且以 $n = (1, -2, 1)$ 为法向量的平面的方程.

5. 求两平面 $x - y + 2z - 6 = 0$ 和 $2x + y + z - 5 = 0$ 的夹角.

6. 求过点 $(1, -2, 4)$ 且与平面 $2x - 3y + z - 4 = 0$ 垂直的直线的方程.

7. 求直线 $\dfrac{x-2}{1} = \dfrac{y-3}{1} = \dfrac{z-4}{2}$ 与平面 $2x + y + z - 6 = 0$ 的交点.

8. 用长度分别为 $2, 3, 4, 5, 6$ (单位：cm) 的 5 根细木棒围成一个三角形 (允许连接, 但是不允许折断), 能够得到的三角形的最大面积为 (　　).

　　A. $8\sqrt{5}\,\text{cm}^2$　　　B. $6\sqrt{10}\,\text{cm}^2$　　　C. $3\sqrt{55}\,\text{cm}^2$　　　D. $20\,\text{cm}^2$

数学漫谈　几何中的 "三国鼎立"

欧几里得几何学

　　欧氏几何是欧几里得几何学的简称, 其创始人是公元前三世纪的古希腊伟大数学家欧几里得. 在他以前, 古希腊人已经积累了大量的几何知识, 并开始用逻辑推理的方法去证明一些几何命题的结论. 欧几里得这位伟大的几何建筑师在前人准备的 "木石砖瓦" 材料的基础上, 天才般地按照逻辑系统把几何命题整理起来, 建成了一座巍峨的几何大厦, 完成了数学史上的光辉著作《几何原本》. 这本书的问世, 标志着欧氏几何学的建立. 它的问世是整个数学发展史上意义极其深远的大事, 也是整个人类文明史上的一个里程碑. 两千多年来, 这部著作在几何教学中一直占据着统治地位, 至今其地位也没有被动摇, 包括我国在内的许多国家仍将它作为基础性几何教材.

　　《几何原本》一书共分 13 卷, 有 5 条公设, 5 条公理, 119 个定义和 465 个命题. 其中有八卷讲述几何学, 包含了现在中学所学的平面几何和立体几何的内容. 但《几何原本》的意义却绝不限于其内容的重要, 或者其对定理出色的证明. 真正重要的是, 欧几里得在书中创造的一种被称为公理化的方法.

　　在证明几何命题时, 每一个命题总是从前一个命题推导出来的,而前一个命题又是从再前一个命题推导出来的. 我们不能这样无限地推导下去, 应有一些命题作为起点. 这些作为论证起点, 具有自明性并被公认下来的命题称为公理, 如同学们所学的 "平面上两点确定一条直线" 等即是. 同样, 对于概念来讲, 也有些不加定义的原始概念, 如点、线等. 在一个数学理论系统中, 我们尽可能少地选取原始概念和不加证明的若干公理, 以此为出发点, 利用纯逻辑推理的方法, 把该系统建立成一个演绎系统, 这样的方法就是公理化方法. 欧几里得采用的正是这种方法. 他先摆出公理、公设、定义, 然后有条不紊地由简单到复杂地证明一系列命题. 他以公理、公设、定义为要素, 作为已知, 先证明了第一个命题. 然后又以此为基础, 来证明第二个命题, 如此下去, 证明了大量的命题. 其论证之精彩, 逻辑之周密, 结构之严谨, 令人叹为观止. 零散的数学理论被他成功地编织为一个从基本假定到最复杂结论的系统. 因而在数学发展史上, 欧几里得被认为是成功而系统地应用公理化方法的第一人, 他的工作被公认为是最早用公理法建立起演绎的数学体系的典范. 正是从这层意义上, 欧几里得的《几何原本》对数学的发展起到了深远的影响, 在数学发展史上树立了一座不朽的丰碑.

罗巴切夫斯基几何

欧几里得的《几何原本》提出了五条公设, 前四条公设可简述如下.

第一, 由任意一点到任意一点可作直线. 第二, 一条有限直线可以继续延长. 第三, 以任意点为圆心及任意的距离可以画圆. 第四, 凡直角都相等.

第五条公设说: 同一平面内一条直线和另外两条直线相交, 若在某一侧的两个内角的和小于两直角, 则这两直线经无限延长后在这一侧相交.

长期以来, 数学家们发现第五公设和前四个公设比较起来, 显得文字叙述冗长, 而且也不那么显而易见. 有些数学家还注意到欧几里得在《几何原本》一书中直到第二十九个命题中才用到, 而且以后再也没有使用. 也就是说, 在《几何原本》中可以不依靠第五公设而推出前二十八个命题. 因此, 一些数学家提出, 第五公设能不能不作为公设, 而作为定理? 能不能依靠前四个公设来证明第五公设? 这就是几何发展史上最著名的, 争论了长达两千多年的关于"平行线理论"的讨论.

由于证明第五公设的问题始终得不到解决, 人们逐渐怀疑证明的路子走得对不对? 第五公设到底能不能证明?

到了 19 世纪 20 年代, 俄国喀山大学教授罗巴切夫斯基在证明第五公设的过程中, 他走了另一条路子. 他提出了一个和欧氏平行公理相矛盾的命题, 用它来代替第五公设, 将其与欧氏几何的前四个公设结合成一个公理系统, 展开一系列的推理. 他认为如果这个系统为基础的推理中出现矛盾, 就等于证明了第五公设. 我们知道, 这其实就是数学中的反证法.

但是, 他在极为细致深入的推理过程中, 得出了一个又一个在直觉上匪夷所思, 但在逻辑上毫无矛盾的命题. 最后, 罗巴切夫斯基得出两个重要的结论.

第一, 第五公设不能被证明.

第二, 在新的公理体系中展开的一连串推理, 得到了一系列在逻辑上无矛盾的新的定理, 并形成了新的理论. 这个理论像欧氏几何一样是完善的严密的几何学.

这种几何学被称为罗巴切夫斯基几何, 简称罗氏几何. 这是第一个被提出的非欧几何学.

从罗巴切夫斯基创立的非欧几何学中, 可以得出一个极为重要的具有普遍意义的结论: 逻辑上互不矛盾的一组假设都有可能提供一种几何学.

罗巴切夫斯基几何的公理系统和欧几里得几何不同的地方仅仅是欧氏几何平行公理用 "在平面内, 从直线外一点, 至少可以做两条直线和这条直线平行" 来代替, 其他公理相同. 由于平行公理不同, 经过演绎推理却引出了一连串和欧氏几何内容不同的新的几何命题.

我们知道, 罗氏几何除了一个平行公理之外采用了欧氏几何的一切公理. 因此, 凡是不涉及平行公理的几何命题, 在欧氏几何中如果是正确的, 在罗氏几何中也同样是正确的. 在欧氏几何中, 凡涉及平行公理的命题, 在罗氏几何中都不成立, 它们都相应地含有新的意义. 下面举几个例子加以说明.

欧氏几何

(1) 同一直线的垂线和斜线相交.

(2) 垂直于同一直线的两条直线互相平行.

(3) 存在相似的多边形.

(4) 过不在同一直线上的三点可以做且仅能做一个圆.

罗氏几何

(1) 同一直线的垂线和斜线不一定相交.

(2) 垂直于同一直线的两条直线, 当两端延长的时候, 离散到无穷.

(3) 不存在相似的多边形.

(4) 过不在同一直线上的三点, 不一定能做一个圆.

从上面所列举的罗氏几何的一些命题可以看到, 这些命题和我们所习惯的直观形象有矛盾. 所以罗氏几何中的一些几何事实没有像欧氏几何那样容易被接受. 但是, 数学家们经过研究, 提出可以用我们习惯的欧氏几何中的事实作一个直观"模型"来解释罗氏几何是正确的.

1868 年, 意大利数学家贝特拉米发表了一篇著名论文《非欧几何解释的尝试》, 证明非欧几何可以在欧几里得空间的曲面 (例如拟球曲面) 上实现. 这就是说, 非欧几何命题可以"翻译"成相应的欧几里得几何命题, 如果欧几里得几何没有矛盾, 非欧几何也就自然没有矛盾.

直到这时, 长期无人问津的非欧几何才开始获得学术界的普遍注意和深入研究, 罗巴切夫斯基的独创性研究也就由此得到学术界的高度评价和一致赞美, 他本人则被人们赞誉为"几何学中的哥白尼".

黎曼几何

欧氏几何与罗氏几何中关于结合公理、顺序公理、连续公理及合同公理都是相同的, 只是平行公理不一样. 欧氏几何讲"过直线外一点有且只有一条直线与已知直线平行". 罗氏几何讲 "过直线外一点至少存在两条直线和已知直线平行". 那么是否存在这样的几何 "过直线外一点, 不能做直线和已知直线平行"? 黎曼几何就回答了这个问题.

黎曼几何是德国数学家黎曼创立的. 他在 1854 年所作的一篇论文《论几何学作为基础的假设》中明确地提出另一种几何学的存在, 开创了几何学的一片新的广阔领域.

黎曼几何中的一条基本规定是: 在同一平面内任何两条直线都有公共点 (交点). 在黎曼几何学中不承认平行线的存在, 它的另一条公设讲: 直线可以无限延长, 但总的长度是有限的. 黎曼几何的模型是一个经过适当 "改进" 的球面.

近代黎曼几何在广义相对论里得到了重要的应用. 物理学家爱因斯坦的广义相对论中的空间几何就是黎曼几何. 在广义相对论里, 爱因斯坦放弃了关于时空均匀性的观念, 他认为时空只是在充分小的空间里以一种近似性而均匀的, 但是整个时空却是不均匀的. 在物理学中的这种解释, 恰恰与黎曼几何的观念是相似的.

此外, 黎曼几何在数学中也是一个重要的工具. 它不仅是微分几何的基础, 在微分方程、变分法和复变函数论等方面也有重要应用.

第四章　运算——有限与无限

带着下面的问题我们进入本章.

1. 运算与计算有什么不同？运算的作用是什么？

2. 截止到高中毕业，都学习了哪些运算？

3. 有限项的运算与无限项的运算本质上的差异是什么？

4. 如何理解数列的极限与函数的极限？

5. 如何理解导数？

6. 如何理解定积分？

　　运算是数学中一个最基本的概念, 如数的运算、向量的运算、函数的运算等, 运算从参与的项数上加以区分, 可以分为有限项的运算与无限项的运算两大类. 4.1 节讨论有限的运算, 其余各节讨论无限的运算.

4.1　有限的运算

有限的运算

　　考察我们前面遇到的运算的例子.

　　例 1　对于任意的两个有理数 $a, b \in \mathbf{Q}$, 我们可以做如下的运算:

$$a + b, \quad a - b, \quad a \cdot b, \quad a \div b \, (b \neq 0)$$

运算的结果仍在 $\mathbf{Q}$ 中.

　　例 2　设 A 是集合, 令

$$P(A) = \{B \mid B \subset A\}$$

即 $P(A)$ 是由 A 的子集的全体构成的集合, 任取 $B_1, B_2 \in P(A)$, 可以做如下的运算:

$$B_1 \cup B_2, \quad B_1 \cap B_2, \quad B_1 \backslash B_2.$$

运算的结果都在 $P(A)$ 中.

　　例 3　设 $\boldsymbol{\alpha} \in \mathbf{R}^3, k \in \mathbf{R}$, 则可定义数乘向量的运算

$$k\boldsymbol{\alpha}.$$

运算的结果在 $\mathbf{R}^3$ 中.

　　例 4　设 $\boldsymbol{\alpha} = (x_1, x_2, x_3) \in \mathbf{R}^3, \boldsymbol{\beta} = (y_1, y_2, y_3) \in \mathbf{R}^3$, 定义内积运算

$$\boldsymbol{\alpha} \cdot \boldsymbol{\beta} = x_1 y_1 + x_2 y_2 + x_3 y_3.$$

运算的结果在 $\mathbf{R}$ 中.

　　总结上面的例子, 我们可以抽象出如下的定义.

定义 4.1.1 设 A, B, C 是三个非空的集合,

$$A \times B = \{(a,b) | a \in A, b \in B\}.$$

称映射 $f : A \times B \to C$ 是定义在 $A \times B$ 上取值于 C 中的**运算**.

特别地, 若 $A = B = C$, 则称运算 f 在 A 中**封闭**或称 f **是A上的运算**.

例如, 在例 1 中, $f(a,b) = a + b$ 是 **Q** 上的运算; 在例 2 中, $f(B_1, B_2) = B_1 \cup B_2$ 是 $P(A)$ 中的运算.

注 1 运算是数学中最核心的内容, 用映射来刻画运算, 可见映射概念的作用. 映射是数学中最基本的概念. 几乎数学的所有内容, 都可以用映射来刻画.

评论 1 从上小学起, 我们在数学中就和运算分离不开. 我们可能从没有认真想过 "什么是运算"? 现在抽象出运算的概念, 概括了以前的各种运算. 这种抽象概括是有价值的.

思考题 按照映射的观点, 说明为什么 0 不能做除数.

我们再讨论一般情况运算的例子.

例 5 令 $A = \{$立正, 向左转, 向右转, 向后转$\}$, $\oplus : A \times A \to A$.

$$立正 \oplus 向左转 = 向左转,$$

$$立正 \oplus 向右转 = 向右转,$$

$$立正 \oplus 向后转 = 向后转,$$

$$立正 \oplus 立正 = 立正,$$

$$向左转 \oplus 向左转 = 向后转,$$

$$向左转 \oplus 向后转 = 向右转,$$

$$向左转 \oplus 向右转 = 立正,$$

$$向右转 \oplus 向后转 = 向左转,$$

$$向右转 \oplus 向右转 = 向后转,$$

$$向后转 \oplus 向后转 = 立正.$$

可见, $\oplus$ 是 A 上的一个运算, 从运算的实际意义上可见, 运算 $\oplus$ 满足交换律, 且

对于任意的 $x \in A$, 有

$$立正 \oplus x = x,$$

而且对于任意的 $x \in A$, 存在 $y \in A$, 使

$$x \oplus y = 立正.$$

定义 4.1.2   设 f 是 A 上的运算, 若 $\forall x, y \in A$, 有

$$f(x, y) = f(y, x),$$

则称运算 f 满足**交换律**; 若 $\forall x, y, z \in A$, 有

$$f(f(x, y), z) = f(x, f(y, z)),$$

则称运算 f 满足**结合律**; 若存在 $\theta \in A, \forall x \in A$, 有

$$f(x, \theta) = f(\theta, x) = x,$$

则称 θ 是**零元**. $\forall x \in A$, 若存在 $y \in A$, 使得

$$f(x, y) = f(y, x) = \theta,$$

则称 y 是 x 的**负元**.

在例 5 中, 立正是零元, 向左 (右) 转的负元是向右 (左) 转, 向后转的负元是向后转.

例 6   令 $A = \{奇, 偶\}$, 定义 $\odot A \times A \to A$.

$$奇 \odot 奇 = 奇,$$
$$奇 \odot 偶 = 偶,$$
$$偶 \odot 奇 = 偶,$$
$$偶 \odot 偶 = 偶.$$

可见, $\odot$ 是 A 上的一个运算. 在这个运算中, 满足交换律, 奇是零元, 且奇的负元是奇, 偶没有负元.

例 7   令 $A = \{奇, 偶\}$ 定义 $\oplus : A \times A \to A$.

$$奇 \oplus 偶 = 奇,$$
$$奇 \oplus 奇 = 偶,$$

$$偶 \oplus 奇 = 奇,$$
$$偶 \oplus 偶 = 偶.$$

可见, $\oplus$ 是 A 上的一个运算, 在这个运算中, 满足交换律, 偶是零元, 奇的负元是奇, 偶的负元是偶.

例 8 对于 $\mathbf{Z}^+ = \{0, 1, 2, 3, \cdots, n, \cdots\}$, 我们做其子集

$$[0] = \{0, 5, 10, 15, 20, 25, \cdots, k, \cdots\},$$

$$[1] = \{1, 6, 11, 16, 21, 26, \cdots, k+1, \cdots\},$$

$$[2] = \{2, 7, 12, 17, 22, 27, \cdots, k+2, \cdots\},$$

$$[3] = \{3, 8, 13, 18, 23, 28, \cdots, k+3, \cdots\},$$

$$[4] = \{4, 9, 14, 19, 24, 29, \cdots, k+4, \cdots\}.$$

令 $A = \{[0], [1], [2], [3], [4]\}, \oplus : A \times A \to A.$

$$[i] \oplus [j] = \begin{cases} [i+j], & i+j < 5, \\ [k], & i+j = 5+k, 0 \leqslant k \leqslant 4. \end{cases}$$

可见, $\oplus$ 是 A 上的一个运算, 在这个运算中, 满足交换律, $[0]$ 是零元, $[1]$ 与 $[4]$ 互为负元. $[2]$ 与 $[3]$ 互为负元.

思考题 举出生活中分类的例子.

评论 2 在例 8 中, 我们对 $\mathbf{Z}^+$ 进行了分类, 即

$$\mathbf{Z}^+ = [0] \cup [1] \cup [2] \cup [3] \cup [4]$$

且

$$[i] \cap [j] = \begin{cases} \varnothing, & i \neq j, \\ [i], & i = j, \end{cases}$$

即将 $\mathbf{Z}^+$ 分解成 5 个两两不相交子集的并, 而分类的方法是对于 $m, n \in \mathbf{Z}^+$, $m > n, m, n \in [j]$ 当且仅当 $m - n = 5k, k \in \mathbf{N}$.

在这个例子中, 把自然数的全体分成了 5 个两两不交、并起来是全体的类. 这种分类的思想几乎在各个学科中都存在. 例如, 在逻辑学中, 推理分为演绎推理一类, 归纳推理另一类.

评论 3   从本节的讨论中可以看出,我们关心的问题是:我们的运算是"是什么"的运算,而不是"如何做"的运算.对于人文专业的学生能够说清楚"运算是什么"比"运算如何做"重要得多.

运算就是在一个集合中的元素之间建立一种关联关系,这种关联关系决定了这个集合的结构.

在一个社会中,一个重要的关联关系是生产关系.

阅读材料   生产关系

生产关系是人们在物质资料的生产过程中形成的社会关系.它是生产方式的社会形式,包括生产资料所有制的形式、人们在生产中的地位和相互关系、产品分配的形式等.

生产关系是人们在物质生产过程中形成的不以人的意志为转移的经济关系.

狭义的生产关系是指人们在直接生产过程中结成的相互关系,包括生产资料所有制关系、生产中人与人的关系和产品分配关系.

广义的生产关系是指人们在再生产的过程中结成的相互关系,包括生产、分配、交换和消费等诸多关系在内的生产关系体系.

4.2   极   限

(一) 数列极限

1. 数列极限的定义

数列极限

第 2 章已经涉及了一些数列极限的内容,我们都是用有理数的语言来表述的.现在,我们用实数的语言来表述,并做一些深入的讨论.

定义 4.2.1   对于实数列 $\{a_n\}$,若存在实数 a,对于任意给定的 $\varepsilon > 0$,存在自然数 N_0,当 $n > N_0$ 时,有

$$|a_n - a| < \varepsilon \tag{1}$$

则称数列 $\{a_n\}$ 以 a 为**极限**, (也称数列 $\{a_n\}$ 收敛于 a), 记作

$$\lim_{n\to\infty} a_n = a.$$

注 1　我们记 $N(a,\varepsilon) = (a-\varepsilon, a+\varepsilon)$, 称 $N(a,\varepsilon)$ 为以 a 为心, 以 ε 为半径的邻域 (或一维球). (1) 式表明, 数列 $\{a_n\}$ 以 a 为极限当且仅当 N_0 后的所有项 $a_n \in N(a,\varepsilon)$.

评论 1　极限定义的出现是数学的一个本质的飞跃, 它已经不是一个静态的数学. 在定义 4.2.1 中, 充满了辩证的思想. ε 是任意给定的小正数, 又是任意的, 又是给定的. "任意"与"给定"是一对矛盾的概念, 既然是"任意"的, 就不是"给定"的. 这里的"给定", 是相对的固定. 对一相对固定的 ε, 存在 N_0, 且 N_0 随着 ε 的变化而变化. 一般说来, ε 越小, N_0 越大. ε 与 N_0 是动态的, 用暂时静态的方法, 来研究动态的变量. 在社会科学中, 有些量是多因素的. 我们常常固定某些因素, 而研究其他因素的作用.

例 1　设 $a_n = (-1)^n \dfrac{1}{n}$, 证明 $\lim\limits_{n\to\infty} a_n = 0$.

证明　对于任意给定的 $\varepsilon > 0$, 选取 $N_0 > \dfrac{1}{\varepsilon}$, 当 $n > N_0$ 时, 有

$$|a_n - 0| = \frac{1}{n} < \frac{1}{N_0} < \varepsilon,$$

故 $\lim\limits_{n\to\infty} a_n = 0$.

我们观察数列 $a_n = (-1)^n \dfrac{1}{n}$, 具体写出来为

$$-1, \frac{1}{2}, -\frac{1}{3}, \frac{1}{4}, -\frac{1}{5}, \frac{1}{6}, -\frac{1}{7}, \frac{1}{8}, \cdots.$$

该数列的通项 a_n 随着 n 的增大而无限地靠近于 0, 且它们在 0 的附近左右跳动靠近于 0.

例 2　设 $a_n = a^n, 0 < a < 1$, 证明 $\lim\limits_{n\to\infty} a_n = 0$.

证明　对于任意给定的 $\varepsilon > 0$(可选取 $0 < \varepsilon < 1$), 选取 $N_0 > \log_a \varepsilon$, 当 $n > N_0$ 时, 有

$$|a_n - 0| = a^n < a^{N_0} < a^{\log_a \varepsilon} = \varepsilon,$$

故

$$\lim_{n\to\infty} a_n = 0.$$

定义 4.2.2　对于实数列 $\{a_n\}$ 与实数 a, 若存在某个 $\varepsilon_0 > 0$, 对于任意的自然数 N, 存在 $n_0 > N$ 使得

$$|a_{n_0} - a| \geqslant \varepsilon_0,$$

则称数列 $\{a_n\}$ **不以** a **为极限**.

例 3　设 $a_n = (-1)^n \left(1 - \dfrac{1}{n}\right)$, 证明 $a = 1$ 不是 a_n 的极限.

证明　对于 $\varepsilon_0 = 1$, 选取 $n = 2k + 1, k \geqslant 1$, 则

$$|a_n - a| = \left| (-1)^{2k+1} \left(1 - \frac{1}{2k+1}\right) - 1 \right|$$

$$= \left| \frac{1}{2k+1} - 1 - 1 \right| = \left| 2 - \frac{1}{2k+1} \right|$$

$$= \left| 1 + \left(1 - \frac{1}{2k+1}\right) \right| \geqslant 1,$$

故 $a = 1$ 不是数列 $\left\{ a_n = (-1)^n \left(1 - \dfrac{1}{n}\right) \right\}$ 的极限.

注 2　定义 4.2.2 是定义 4.2.1 的否定. 在两个定义中, "存在" 与 "任意" 相对应且互为相反.

2. 数列极限的性质

预备性知识　设 a, b 是两个实数, 则有如下的绝对值不等式:

$$|a + b| \leqslant |a| + |b|.$$

定理 4.2.1 (极限的唯一性)　设实数列 $\{a_n\}$ 收敛, 则极限是唯一的.

证明　设数列 $\{a_n\}$ 收敛到 a 与 b, 对任意的 $\varepsilon > 0$, 存在 N_1, 当 $n > N_1$ 时, 有

$$|a_n - a| < \frac{\varepsilon}{2},$$

存在 N_2, 当 $n > N_2$ 时, 有

$$|a_n - b| < \frac{\varepsilon}{2}.$$

选取 $N_0 = \max\{N_1, N_2\}$ 当 $n > N_0$ 时, 有

$$|a - b| = |a - a_n + a_n - b| \leqslant |a - a_n| + |a_n - b| < \frac{\varepsilon}{2} + \frac{\varepsilon}{2} = \varepsilon,$$

故 $a = b$.

思考题 以前这样来证明两个数相等吗?

定义 4.2.3 对于实数列 $\{a_n\}$, 若存在 $M > 0$, 对任意的自然数 n, 有

$$|a_n| \leqslant M,$$

则称数列 $\{a_n\}$**有界**.

定理 4.2.2 若数列 $\{a_n\}$ 收敛于实数 a, 则该数列有界.

证明 对于 $\varepsilon = 1$, 存在自然数 N_0, 当 $n > N_0$ 时, 有 $|a_n - a| < 1$, 即

$$|a_n| < |a| + 1.$$

选取 M 为

$$M = \max\{|a_1|, |a_2|, \cdots, |a_{N_0}|, |a| + 1\},$$

故对于任意的自然数 n, 有 $|a_n| \leqslant M$. 所以该数列有界.

评论 2 在有限个数中, 可以找到一个最大的数. 在无限个数中, 可能找不到最大的数. 这是有限与无限的区别之一.

在这种情况下, 极限的概念起到了作用. 在该定理的证明中, 关键是处理 N_0 之后项 a_n 的估计, 在这里充分利用了当 $n > N_0$ 时, $a_n \in (a - 1, a + 1)$, 即

$$|a_n| \leqslant \max\{|a - 1|, |a + 1|\} \leqslant |a| + 1.$$

注 3 定理 4.2.3 的逆命题不一定成立, 即若数列 $\{a_n\}$ 是有界数列, 但该数列可能不收敛.

例 4 设 $a_n = (-1)^n \left(1 - \dfrac{1}{n}\right)$, $|a_n| < 1$, 故 $\{a_n\}$ 是有界数列, 但该数列不收敛.

事实上, $a_{2k} = 1 - \dfrac{1}{2k}$, 故 $\{a_{2k}\}$ 收敛于 1, $a_{2k+1} = \dfrac{1}{2k+1} - 1$, 故 $\{a_{2k+1}\}$ 收敛于 -1, 故数列 $\{a_n\}$ 不收敛.

从例 4 中我们可以看到: 子列 $\{a_{2k}\} \subset \{a_n\}, \{a_{2k+1}\} \subset \{a_n\}$ 都是收敛子列, 一般地, 有下面的定理.

定理 4.2.3 若数列 $\{a_n\}$ 有界, 则 $\{a_n\}$ 存在子列 $\{a_{n_k}\}$ 收敛.

证明 参见严子谦、尹景学、张然的《数学分析》.

我们关心是否有特殊的有界数列收敛呢?

定理 4.2.4　若实数列 $\{a_n\}$ 单调有界, 则数列 $\{a_n\}$ 收敛.

证明　参见严子谦等的《数学分析》.

例 5　证明数列 $\left\{a_n = \left(1 + \dfrac{1}{n}\right)^n\right\}$ 收敛.

讨论　在证明之前, 我们先计算一下:

$$a_1 = 2, \quad a_2 = \frac{9}{4} = 2.25, \quad a_3 = \frac{64}{27} = 2.37037037,$$

$$a_4 = \frac{625}{256} = 2.4414062.5, \quad a_5 = \frac{7776}{3125} = 2.48832, \quad \cdots.$$

观察上面的计算, 我们猜测数列 $\{a_n\}$ 是单调增加且有上界的数列. 这一归纳推理的过程为我们的证明提供了方向.

评论 3　在我们不知道一般性结论时, 我们通常可以看一些特殊情形, 从而为得到一般性结论提供参考. 因为一般性结论包含了特殊性结论, 某些特殊性结论可能就是一般性结论. 这一方法, 不仅在数学学科中是有用的, 在其他学科中也是有用的.

证明　我们利用 n 个正数的几何平均不超过这 n 个正数的算术平均的性质, 来证明数列 $\{a_n\}$ 的单调性质与有界性质.

先来证明 $a_n \leqslant a_{n+1}$, 事实上,

$$\left[1 \cdot \left(1 + \frac{1}{n}\right)^n\right]^{\frac{1}{n+1}} \leqslant \frac{1}{n+1}\left[1 + n\left(1 + \frac{1}{n}\right)\right] = \frac{n+2}{n+1} = 1 + \frac{1}{n+1},$$

即

$$a_n = \left(1 + \frac{1}{n}\right)^n \leqslant \left(1 + \frac{1}{n+1}\right)^{n+1} = a_{n+1}.$$

再来证明 $\{a_n\}$ 有上界, 事实上

$$\left[\left(\frac{1}{2}\right)^2 \cdot \left(1 + \frac{1}{n}\right)^n\right]^{\frac{1}{n+2}} \leqslant \frac{1}{n+2}\left[2 \cdot \frac{1}{2} + n \cdot \left(1 + \frac{1}{n}\right)\right] = 1,$$

即

$$\left(\frac{1}{2}\right)^2 \left(1 + \frac{1}{n}\right)^n \leqslant 1,$$

于是有

$$a_n = \left(1 + \frac{1}{n}\right)^n \leqslant 4.$$

综上讨论, 数列 $\left\{a_n = \left(1 + \frac{1}{n}\right)^n\right\}$ 单调增加且有上界, 根据定理 4.2.4, 该数列收敛.

我们记 $\lim\limits_{n \to \infty} \left(1 + \frac{1}{n}\right)^n = \mathrm{e}$, 数 e 是一个无理数, 它的前 10 位小数是

$$\mathrm{e} = 2.7182818284\cdots.$$

定理 4.2.5 (保号性)　若实数列 $\{a_n\}$ 收敛于 a, 且 $a > 0$, 则存在自然数 N_0, 当 $n > N_0$ 时, 有 $a_n > 0$.

证明　因 $a > 0$, 取 $\varepsilon = \dfrac{a}{2} > 0$, 则存在自然数 N_0, 当 $n > N_0$ 时, 有 $|a_n - a| < \varepsilon = \dfrac{a}{2}$, 即

$$-\frac{a}{2} = -\varepsilon < a_n - a < \varepsilon = \frac{a}{2},$$

选取左侧不等式, 有

$$a_n > a - \frac{a}{2} = \frac{a}{2} > 0.$$

注 4　定理 4.2.5 的逆命题不成立, 即数列 $\{a_n\}$ 收敛于 $a, a_n > 0$, 未必有 $a > 0$, 如

$$a_n = \frac{1}{n} > 0, \quad a_n \to a = 0.$$

3. 数列极限的运算

我们这里讨论两个数列极限的四则运算.

定理 4.2.6　设数列 $\{a_n\}$ 与数列 $\{b_n\}$ 分别收敛于 a, b, 则

(1) 数列 $\{a_n \pm b_n\}$ 收敛, 且收敛于 $a \pm b$;

(2) 数列 $\{a_n \cdot b_n\}$ 收敛, 且收敛于 $a \cdot b$;

(3) 若 $b \neq 0$, 数列 $\left\{\dfrac{a_n}{b_n}\right\}$ 收敛, 且收敛于 $\dfrac{a}{b}$.

证明　先来证明 (1). 因数列 $\{a_n\}$ 收敛于 a, 数列 $\{b_n\}$ 收敛于 b. 故对任意的 $\varepsilon > 0$, 存在自然数 N_0, 当 $n > N_0$ 时, 有

$$|a_n - a| < \frac{1}{2}\varepsilon, \quad |b_n - b| < \frac{1}{2}\varepsilon,$$

故当 $n > N_0$ 时, 有

$$|(a_n + b_n) - (a + b)| \leqslant |a_n - a| + |b_n - b| < \varepsilon,$$

即数列 $\{a_n + b_n\}$ 收敛于 $a + b$.

同理可证: 数列 $\{a_n - b_n\}$ 收敛于 $a - b$.

我们再来证明 (2), 因数列 $\{a_n\}$ 收敛于 a, 数列 $\{b_n\}$ 收敛于 b, 故存在 $M > 0$, 使 $|a| \leqslant M$, $|b_n| \leqslant M$, 且对任意的 $\varepsilon > 0$, 存在自然数 N_0, 当 $n > N_0$ 时, 有

$$|a_n - a| < \frac{1}{2M}\varepsilon, \quad |b_n - b| < \frac{1}{2M}\varepsilon,$$

故当 $n > N_0$ 时, 有

$$\begin{aligned}
|a_n b_n - ab| &= |a_n b_n - ab_n + ab_n - ab| \\
&\leqslant |a_n b_n - ab_n| + |ab_n - ab| \\
&= |b_n| \, |a_n - a| + |a| \, |b_n - b| \\
&< M \cdot \frac{1}{2M}\varepsilon + M \cdot \frac{1}{2M}\varepsilon \\
&= \varepsilon.
\end{aligned}$$

故数列 $\{a_n b_n\}$ 以 ab 为极限.

我们最后来证明 (3), 由结论 (2) 知, 我们只需证明, 当 $b \neq 0$ 时, $\left\{\dfrac{1}{b_n}\right\}$ 收敛于 $\dfrac{1}{b}$.

我们不妨设 $b > 0 (b < 0$ 时同理可证). 由定理 4.2.5 知, 存在 N_1, 当 $n > N_1$ 时, 有 $b_n > \dfrac{b}{2}$, 即 $\left|\dfrac{1}{b_n}\right| < \dfrac{2}{b}$, 且对于任意的 $\varepsilon > 0$, 存在自然数 N_2, 当 $n > N_2$ 时, 有

$$|b_n - b| < \frac{b^2}{2} \cdot \varepsilon,$$

故当 $n > N_0 = \max\{N_1, N_2\}$ 时, 有

$$\left|\frac{1}{b_n} - \frac{1}{b}\right| = \frac{1}{|b \cdot b_n|} \cdot |b - b_n| < \frac{2}{b^2} \cdot \frac{b^2}{2}\varepsilon = \varepsilon.$$

$$\lim\left\{\frac{a_n}{b_n}\right\} = \lim a_n \lim\left\{\frac{1}{b_n}\right\} = \frac{a}{b}.$$

至此, 我们完成了定理 4.2.6 的证明.

(二) 函数的极限

我们称集合 $N(a, \delta) \backslash \{a\} = (a - \delta, a) \cup (a, a + \delta)$ 为 a 的**去心邻域**. 我们讨论的函数 $f(x)$ 定义在 $N(a, \delta) \backslash \{a\}$, 即我们不关心 $f(x)$ 在点 a 是否有定义.

1. 函数极限的定义

函数极限

定义 4.2.4　设 $f(x)$ 定义在 $N(a,\delta)\setminus\{a\}$ 上, 且存在常数 A, 对于任意的 $\varepsilon > 0$, 存在 $\delta_0 > 0$, 当 $0 < |x-a| < \delta_0 < \delta$ 时, 有

$$|f(x) - A| < \varepsilon,$$

则称当 $x \to a$ 时, 函数 $f(x)$ **以 A 为极限**(或 $f(x)$ **收敛于**A), 记作 $\lim\limits_{x \to a} f(x) = A$.

例 6　设函数 $f(x) = x^2$ 定义在 $\mathbf{R}\setminus\{1\}$ 上, 证明 $\lim\limits_{x \to 1} f(x) = 1$(图 4.2.1).

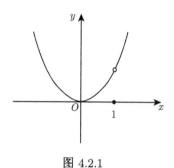

图 4.2.1

证明　选取 $\delta_1 = 1$, 当 $|x-1| < \delta_1$ 时, $0 < x < 2$, 对于任意给定的 $\varepsilon > 0$, 选取 $\delta_0 = \min\left\{\delta_1, \dfrac{\varepsilon}{3}\right\} > 0$, 当 $0 < |x-1| < \delta_0$ 时,

$$\begin{aligned}
|f(x) - 1| &= |x^2 - 1| = |(x+1) \cdot (x-1)| = |x+1| \cdot |x-1| \\
&< 3\delta_0 \leqslant 3 \cdot \frac{\varepsilon}{3} = \varepsilon.
\end{aligned}$$

所以 $\lim\limits_{x \to 1} f(x) = 1$.

如同数列极限的讨论一样, 我们也可讨论当 $x \to a$ 时, 函数 $f(x)$ 不以某个常数 A 为极限.

定义 4.2.5　设函数定义在 $N(a,\delta)\setminus\{a\}$ 上, 对于常数 A, 存在某个常数 $\varepsilon_0 > 0$, 对于任意的 $\delta \in (0, \delta)$, 存在 $x_\delta \in N(a,\delta)\setminus\{a\}$ 使得

$$|f(x_\delta) - A| \geqslant \varepsilon_0,$$

则称当 $x \to a$ 时, $f(x)$ 不以 A 为极限.

例 7　设函数 $f(x) = \sin\dfrac{1}{x}$ 定义在 $\mathbf{R}\setminus\{0\}$ 上, 证明: 当 $x \to 0$ 时, $f(x)$ 不以任何数为极限.

分析　若能选取 $x_n^1 \in \mathbf{R}\backslash\{0\}$ 当 $x_n^1 \to 0$ 时, 使 $f(x_n^1) \to A = 1$, 又若能选取 $x_n^2 \in \mathbf{R}\backslash\{0\}$ 当 $x_n^2 \to 0$ 时使 $f(x_n^2) \to B = -1$, 即 $A \neq B$, 则 $f(x)$ 就不以任何数为极限.

证明　选取 $x_n^1 = \dfrac{1}{2n\pi + \dfrac{\pi}{2}}$, 则 $f(x_n^1) = \sin\dfrac{\pi}{2} = 1$, 当 $n \to +\infty$ 时,

$x_n^1 \to 0, f(x_n^1) \to 1$. 选取 $x_n^2 = \dfrac{1}{2n\pi + \dfrac{3\pi}{2}}$, 则 $f(x_n^2) = \sin\dfrac{3\pi}{2} = -1$, 当 $n \to +\infty$

时, $x_n^2 \to 0, f(x_n^2) \to -1$. 所以, 当 $x \to 0$ 时, $f(x) = \sin\dfrac{1}{x}$ 不以任何数为极限.

定义 4.2.6　设函数定义在 $N(a, \bar{\delta})\backslash\{a\}$ 上, 若对于任意的 $M > 0$, 存在 $\delta > 0$ 当 $0 < |x - a| < \delta < \bar{\delta}$ 时, 有

$$f(x) > M \quad (\text{或 } f(x) < -M),$$

则称当 $x \to a$ 时, $f(x)$ 以 $+\infty$(或 $-\infty$) 为极限, 记作 $\lim\limits_{x \to a} f(x) = +\infty$(或 $\lim\limits_{x \to a} f(x) = -\infty$).

例 8　设函数 $f(x) = \dfrac{1}{|x|}$ 定义在 $\mathbf{R}\backslash\{0\}$ 上, 证明 $\lim\limits_{x \to 0} f(x) = +\infty$.

证明　对于任意的 $M > 0$, 选取 $\delta = \dfrac{1}{M} > 0$, 当 $0 < |x| < \delta$ 时,

$$f(x) = \frac{1}{|x|} > \frac{1}{\delta} = M,$$

故 $\lim\limits_{x \to 0} f(x) = +\infty$.

　　函数极限与数列极限存在着不同之处, 我们可以把数列看成是定义在自然数集 $\mathbf{N}$ 上的函数 $a_n = f(n)$, 自变量 n 的变化方式只有一种, 即 $n \to +\infty$, 而讨论函数极限时, 自变量 $x \to a$ 的方式就复杂得多, 为简化问题, 下面引入单侧极限的定义.

定义 4.2.7　设函数定义在开区间 (a, b)(或 (b, a)) 上, 存在常数 A, 对任意的 $\varepsilon > 0$, 存在 $\delta > 0$, 当 $x \in (a, b)$(或 $x \in (b, a)$) 且 $0 < x - a < \delta$(或 $0 < a - x < \delta$) 时, 有

$$|f(x) - A| < \varepsilon,$$

则称当 $x \to a^+$(或 $x \to a^-$) 时, $f(x)$ 以 A 为右 (或左) 极限, 记作 $\lim\limits_{x \to a^+} f(x) = A$(或 $\lim\limits_{x \to a^-} f(x) = A$).

　　完全可以与定义 4.2.6 相同来定义 $\lim\limits_{x \to a^+} f(x) = +\infty$ 和 $\lim\limits_{x \to a^-} f(x) = +\infty$.

由定义 4.2.9 可得如下定理.

定理 4.2.7 函数 $f(x)$ 在点 $x = a$ 存在极限当且仅当 $f(x)$ 在点 $x = a$ 存在左极限与右极限, 且左极限与右极限相等.

2. 函数极限的性质

函数极限与数列极限有着密切的联系, 函数极限的性质与数列极限的性质是相同的, 相关的定理在下面给出, 而不再给出证明.

定理 4.2.8 (存在性定理) 对于函数 $f(x)$, $\lim\limits_{x \to a} f(x)$ 存在当且仅当对于任意的 $\varepsilon > 0$, 存在 $\delta > 0$, 当 $0 < |x_1 - a| < \delta, 0 < |x_2 - a| < \delta$, 有

$$|f(x_1) - f(x_2)| < \varepsilon.$$

定理 4.2.9 (唯一性定理) 对于函数 $f(x)$, 若 $\lim\limits_{x \to a} f(x)$ 存在, 则极限是唯一的.

定理 4.2.10 (有界性定理) 对于函数 $f(x)$, 若 $\lim\limits_{x \to a} f(x)$ 存在, 则存在 $\delta_0 > 0$, 在 $N(a, \delta_0) \backslash \{a\}$ 上, $f(x)$ 有界.

定理 4.2.11 (保号性定理) 对于函数 $f(x)$, 若 $\lim\limits_{x \to a} f(x)$ 存在且极限大于零, 则存在 $\delta_0 > 0$, 在 $N(a, \delta_0) \backslash \{a\}$ 上, $f(x) > 0$.

定理 4.2.12 (两面夹定理) 对于函数 $f(x), \phi(x)$ 与 $g(x)$ 在 $N(a, \delta)/\{a\}$ 上满足 $f(x) \leqslant \phi(x) \leqslant g(x)$, 且 $\lim\limits_{x \to a} f(x) = \lim\limits_{x \to a} g(x) = A$, 则 $\lim\limits_{x \to a} \phi(x) = A$.

证明 因 $\lim\limits_{x \to a} f(x) = A$, 故对任意的 $\varepsilon > 0$, 存在 $\delta_1 > 0$, 当 $0 < |x - a| < \delta_1 < \delta_0$ 时, 有

$$-\varepsilon < f(x) - A < \varepsilon,$$

即

$$A - \varepsilon < f(x).$$

因 $\lim\limits_{x \to a} g(x) = A$, 故对上述的 $\varepsilon > 0$, 存在 $\delta_2 > 0$, 当 $0 < |x - a| < \delta_2 < \delta_0$ 时, 有

$$-\varepsilon < g(x) - A < \varepsilon,$$

即

$$g(x) < A + \varepsilon.$$

选取 $\delta = \min\{\delta_1, \delta_2\}$, 当 $0 < |x - a| < \delta$ 时, 由 $f(x) \leqslant \phi(x) \leqslant g(x)$ 可得

$$A - \varepsilon < f(x) \leqslant \phi(x) \leqslant g(x) < A + \varepsilon,$$

即当 $0 < |x - a| < \delta$ 时, 有

$$|\phi(x) - A| < \varepsilon.$$

故 $\lim\limits_{x \to a} \phi(x) = A$.

例 9　证明 $\lim\limits_{x \to 0} \dfrac{\sin x}{x} = 1$.

证明　由图 4.2.2 可知, 对于 $x \in \left(0, \dfrac{\pi}{2}\right)$, 有

$$\triangle OAB \text{ 的面积} < \text{扇形 } OAB \text{ 的面积} < \triangle OAC \text{ 的面积}$$

即

$$\frac{1}{2}R^2 \sin x < \frac{1}{2}R^2 x < \frac{1}{2}R^2 \tan x,$$

于是有

$$1 < \frac{x}{\sin x} < \frac{1}{\cos x} \text{ 或 } \cos x < \frac{\sin x}{x} < 1.$$

因 $\lim\limits_{x \to 0^+} \cos x = 1$, 由定理 4.2.12, 故有

$$\lim_{x \to 0^+} \frac{\sin x}{x} = 1.$$

进一步, 有

$$\lim_{x \to 0^-} \frac{\sin x}{x} = \lim_{x \to 0^+} \frac{\sin(-x)}{(-x)} = \lim_{x \to 0^+} \frac{\sin x}{x} = 1.$$

所以有 $\lim\limits_{x \to 0} \dfrac{\sin x}{x} = 1$.

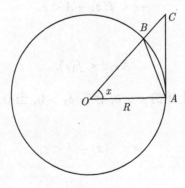

图 4.2.2

3. 函数极限的运算

如同数列极限的四则运算一样, 对于函数极限的四则运算有如下的定理.

定理 4.2.13　对于函数 $f(x)$ 与 $\varphi(x)$, 若 $\lim\limits_{x \to a} f(x) = A, \lim\limits_{x \to a} \varphi(x) = B$, 则

(1) $\lim\limits_{x \to a} (f(x) \pm \varphi(x)) = A \pm B$;

(2) $\lim\limits_{x \to a} (f(x) \cdot \varphi(x)) = A \cdot B$;

(3) 若 $B \neq 0$, 则 $\lim\limits_{x \to a} \dfrac{f(x)}{\varphi(x)} = \dfrac{A}{B}$.

注 5　以 (1) 为例, 我们有

$$\lim_{x \to a} (f(x) + \varphi(x)) = A + B = \lim_{x \to a} f(x) + \lim_{x \to a} \varphi(x).$$

上式左端是先进行函数的加法, 后取得极限. 上式的右端是先对函数取极限, 后做加法, 此等式表明, 函数的加法运算与极限运算是可交换顺序的.

定理 4.2.13 告诉我们, 函数的四则运算与函数的极限运算可交换顺序.

4.3　微　　分

在我们的周围, 大量的事物都可以用函数去描述它们的变化状态, 例如, 液体的流动、气温的上升、压力的增加等, 这些状态随时间的变化而变化. 人们关心状态变化是否是连续的, 以及是否是光滑的. 这一节, 我们主要讨论函数的连续性与光滑性.

(一) 连续函数

我们观察跳水运动员的跳水动作. 进水前, 运动员做了几个翻滚的动作. 这些动作是连续的运动过程. 如何来刻画连续呢?

连续函数

在讨论函数极限时, 若 $\lim\limits_{x \to a} f(x) = A$, 点 a 可能不属于 $f(x)$ 的定义域, 即使 a 属于 $f(x)$ 的定义域, $f(a)$ 也不一定等于 A, 但是, 当 $f(a) = A$ 时, 有着特殊的意义.

定义 4.3.1　函数 $f(x)$ 定义在区间 (α, β) 上, $a \in (\alpha, \beta)$. 若 $\lim\limits_{x \to a} f(x) = f(a)$, 则称函数 $f(x)$ 在点 a 连续. 若对于 (α, β) 上的每一点 $f(x)$ 都连续, 则

$f(x)$ 在区间 (α, β) 上连续.

函数 $f(x)$ 在点 a 连续可换为如下的**等价叙述**: 对任意的 $\varepsilon > 0$, 存在 $\delta > 0$, 当 $x \in N(a, \delta) \cap (\alpha, \beta)$ 时, 有

$$|f(x) - f(a)| < \varepsilon.$$

评论 1   在《现代汉语词典》中, "连续" 解释为 "一个接一个". 这种解释只能用于用自然数描述的现象. 事实上, 用自然数描述的运动现象是十分有限的, 大量的运动现象是用实数来描述的. "一个接一个" 的 "连续" 是一种文学语言, 而定义 4.3.1 给出的 "连续" 是数学语言. 文学语言具有直观性, 而数学语言具有广泛性和严谨性.

例 1   证明: $f(x) = a^x (a > 1)$ 在 $\mathbf{R}$ 上连续.

证明   任取 $x_0 \in \mathbf{R}$, 往证, $\lim\limits_{x \to x_0} a^x = a^{x_0}$. 因

$$a^x - a^{x_0} = a^{x_0}(a^{x - x_0} - 1).$$

令 $h = x - x_0$, $\lim\limits_{x \to x_0} a^x = a^{x_0}$ 当且仅当 $\lim\limits_{h \to 0} a^h = 1 = a^0$. 当 $h > 0$ 时, $a^h > 1$. 对于任意的 $\varepsilon > 0$, 当 $0 < h < \delta_1 = \log_a(1 + \varepsilon)$ 时, 有

$$\left| a^h - 1 \right| = a^h - 1 < a^{\log_a(1+\varepsilon)} - 1 = \varepsilon.$$

当 $h < 0$ 时, $0 < a^h < 1$, 选取 $\delta_2 = -\log_a(1 - \varepsilon) > 0$, 当 $-\delta_2 < h < 0$ 时,

$$\left| a^h - 1 \right| = 1 - a^h < 1 - a^{-\delta_2} = 1 - a^{\log_a(1-\varepsilon)}$$
$$= 1 - (1 - \varepsilon) = \varepsilon.$$

对于上述的 $\varepsilon > 0$, 选取 $\delta = \min\{\delta_1, \delta_2\}$, 当 $0 < |h - 0| < \delta$ 时, 有

$$\left| a^h - 1 \right| < \varepsilon,$$

故 $f(x) = a^x (a > 1)$ 是 $\mathbf{R}$ 上的连续函数.

图 4.3.1 给出了指数函数的图像, 其图像是一条连续的曲线.

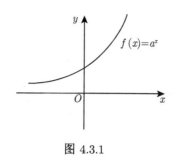

图 4.3.1

注 1   一般地, 定义在一个区间上的函数是连续的, 当且仅当其图像是一条连续的曲线.

下面, 我们来讨论连续函数的运算.

定理 4.3.1   若 $f_1(x)$ 与 $f_2(x)$ 是区间 (α, β) 上的连续函数, 则 $(f_1 \pm f_2)(x), (f_1 \cdot f_2)(x)$ 是 (α, β) 上的连续函数, 若任意的 $x \in (\alpha, \beta), f_2(x) \neq 0$, 则 $\dfrac{f_1}{f_2}(x)$ 是 (α, β) 上的连续函数.

证明   利用连续函数的定义即可证明.

思考题   若 $\dfrac{f_1}{f_2}(x)$ 是 (α, β) 上的连续函数, 那么, $f_1(x)$ 与 $f_2(x)$ 是否是区间 (α, β) 上的连续函数?

例 2   证明 $f(x) = a^x (0 < a < 1)$ 在 $\mathbf{R}$ 上连续.

证明   因 $a \in (0, 1)$, 故存在 $b > 1$, 使 $a = \dfrac{1}{b}$, 则 $a^x = \dfrac{1}{b^x}$. 因 $f_1(x) = 1$ 是连续函数, $f_2(x) = b^x (b > 1)$ 是连续函数且 $b^x > 0$, 由定理 4.3.1 知, $a^x = \dfrac{1}{b^x} = \dfrac{f_1(x)}{f_2(x)}$ 是连续函数.

定理 4.3.2   若函数 $y = f(x)$ 在闭区间 $[a, b]$ 上连续, 且严格增加 (或严格减少), 设 $f(a) = \alpha, f(b) = \beta$, 则函数 $y = f(x)$ 存在反函数 $x = f^{-1}(y)$, 且 $x = f^{-1}(y)$ 在 $[\alpha, \beta]$(或 $[\beta, \alpha]$) 上也连续.

证明   请参见《现代数学与中学数学》中的证明过程.

例 3   证明 $f(x) = \log_a x (a > 0, a \neq 1)$ 在 $(0, +\infty)$ 上连续.

证明   由例 1、例 2 和定理 4.3.2 即可得结论.

定理 4.3.3   若函数 $y = f(x)$ 在点 x_0 连续, 且 $y_0 = f(x_0)$. 函数 $z = \varphi(y)$ 在点 y_0 连续, 则复合函数 $z = (\varphi \circ f)(x) = \varphi[f(x)]$ 在点 x_0 也连续.

证明   参见《现代数学与中学数学》中的证明过程.

例 4　证明：对于 $\alpha \in \mathbf{R}$, 函数 $f(x) = x^{\alpha}$ 在 $(0, +\infty)$ 上连续.

证明　因为 $f(x) = x^{\alpha} = a^{\alpha \log_a x}$(其中$a > 1$), 由例 1、例 3 与定理 4.3.3 即可得.

例 5　半径为 r 的圆的面积 $M(r) = \pi r^2$ 是 $(0, +\infty)$ 上的连续函数.

例 6　从距地面高度为 h 处, 自由下落一物体, 物体距离地面的距离为 $s(t) = h - \dfrac{1}{2} g t^2$ 是 $(0, t_0)$ 上的连续函数, 其中 t_0 满足 $h = \dfrac{1}{2} g t_0^2$.

例 7　证明 $f(x) = \sin x$ 在 $\mathbf{R}$ 上连续.

证明　对任意的 $x_0 \in \mathbf{R}$, 对任意的 $\varepsilon > 0$, 选取 $0 < \delta \leqslant \varepsilon$, 当 $|x - x_0| < \delta$ 时, 有

$$\left| \sin x - \sin x_0 \right| = 2 \left| \sin \frac{x - x_0}{2} \right| \cdot \left| \cos \frac{x + x_0}{2} \right| \leqslant |x - x_0| < \delta \leqslant \varepsilon,$$

故 $f(x) = \sin x$ 在 $\mathbf{R}$ 上连续.

例 8　证明 $f(x) = \cos x$ 在 $\mathbf{R}$ 上连续.

证明　$f(x) = \cos x = \sin \left(x + \dfrac{\pi}{2} \right)$, 由定理 4.3.3 与例 7 即可得.

例 9　证明 $f(x) = \arcsin x$ 在 $[-1, 1]$ 上连续.

证明　由定理 4.3.2 与例 7 即可得.

定义 4.3.2　设函数 $f(x)$ 定义在区间 (α, β) 上, $a \in (\alpha, \beta)$. 若 $f(x)$ 在点 a 不连续, 则称 $f(x)$ 在点 a **间断**, 称 a 是 $f(x)$ 的**间断点**.

若 $f(x)$ 在点 a 有定义且 a 是间断点, 当且仅当存在某个 $\varepsilon_0 > 0$, 对任意的 $\delta > 0$, 存在 $x_{\delta} \in (\alpha, \beta)$, 且 $|x_{\delta} - a| < \delta$, 有

$$|f(x_{\delta}) - f(a)| \geqslant \varepsilon_0.$$

例 10　证明：函数

$$D(x) = \begin{cases} 0, & x \in \mathbf{Q}, \\ 1, & x \in \mathbf{R} \backslash \mathbf{Q} \end{cases}$$

在 $\mathbf{R}$ 上处处间断.

证明　对于任意的 $x_0 \in \mathbf{R}$, 不妨设 $x_0 \in \mathbf{Q}$, 则 $D(x_0) = 0$, 对于 $\varepsilon_0 = \dfrac{1}{2} > 0$, 对于任意的 $\delta > 0$, 存在 $x_{\delta} \in \mathbf{R} \backslash \mathbf{Q}$, 且 $|x_{\delta} - x_0| < \delta$ 使得

$$|D(x_{\delta}) - D(x_0)| = 1 > \frac{1}{2} = \varepsilon_0$$

故 x_0 是间断点, 从而 $D(x)$ 在 $\mathbf{R}$ 上间断.

评论 2　间断的定义采用了排中律, 即一个函数在其定义域上的每一个点, 要么是连续点, 要么是不连续点 (即间断点). 排中律的使用对象是一个可二分的集合, 要么是这一类, 要么是另一类, 不存在第三者.

在社会科学中, 一些领域是不适合使用排中律的.

我们感兴趣闭区间 $[a,b]$ 上的连续函数, 它们具有一些特殊的性质.

定理 4.3.4　设函数 $f(x)$ 是定义在闭区间 $[a,b]$ 上的连续函数, 则存在 $x_0, x_1 \in [a,b]$, 使得

$$f(x_0) = \max\{f(x)\,|\,x \in [a,b]\}, \quad f(x_1) = \min\{f(x)\,|\,x \in [a,b]\}.$$

证明　参见严子谦等的《数学分析》.

对于定理 4.3.4, 将闭区间 $[a,b]$ 改成开区间 (a,b) 时, 结论不一定成立, 例如, $f(x) = \dfrac{1}{x}$ 是 $(0,1)$ 上的连续函数, 但函数不存在最大值.

定理 4.3.5　设函数 $f(x)$ 是定义在区间 $[a,b]$ 上的连续函数, M 是 $f(x)$ 在 $[a,b]$ 上的最大值, m 是 $f(x)$ 在 $[a,b]$ 上的最小值, 则对于 $\mu \in [m,M]$, 至少存在一点 $c \in [a,b]$, 使 $f(c) = \mu$.

证明　参见严子谦等的《数学分析》.

例 11　设有凸四边形 $ABCD$, 证明过定点 A, 有且仅有一条直线, 将凸四边形 $ABCD$ 的面积平分.

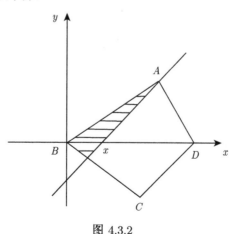

图 4.3.2

证明　如图 4.3.2, 将四边形 $ABCD$ 放入直角坐标系中, BD 长度为 d, 对于任意的 $x \in [0,d]$, 定义 $f(x)$ 是图中阴影的面积, $f(x)$ 是定义在区间 $[0,d]$

上的严格单调增加的连续函数, 且 $f(0) = 0 = \min\{f(x)\,|\,x \in [0,d]\}$, $f(d) = \max\{f(x)\,|\,x \in [0,d]\}$, 由定理 4.3.5 知, 存在唯一一点 $x_0 \in (0,d)$ 使 $f(x_0) = \frac{1}{2}f(d)$, 即直线 Ax_0 将四边形 $ABCD$ 的面积平分.

例 12　某人于某日早晨八点钟从 A 地出发, 十一点钟到达 B 地, 第二天早晨九点钟从 B 地原路返回, 十二点到达 A 地, 证明: 至少存在某一时刻, 往返途中在同一地点.

证明　设 $f_1(t)$ 表示从 A 地去 B 地途中 t 时刻与 A 地的距离, 它是定义在区间 $[8,11]$ 上的连续函数, 设 $f_2(t)$ 表示从 B 地返回 A 地途中 t 时刻与 A 地的距离, 它是定义在区间 $[9,12]$ 上的连续函数, 设 $f(t) = f_2(t) - f_1(t)$, 则 $f(t)$ 是定义在区间 $[9,11]$ 上的连续函数, 设 A 地与 B 地相距 S 公里, 则

$$f(9) = f_2(9) - f_1(9) = S - f_1(9) = M > 0,$$

$$f(11) = f_2(11) - f_1(11) = f_2(11) - S = m < 0,$$

则至少存在一点 $t_0 \in (9,11)$, 使 $f(t_0) = 0$, 即 $f_1(t_0) = f_2(t_0)$. 也就是在 t_0 时刻该人在往返途中在同一地点.

思考题　数列 $\{a_n\}$ 是定义在自然数集 $\mathbf{N}$ 上的函数 $a_n = f(n)$, f 是不是 $\mathbf{N}$ 上的连续函数?

(二) 导数

我们经常用速度来刻画一个物体运动的快与慢. 例如, 某人以每小时 5 公里的速度在前进, 但是, 在行进的过程中, 有时快有时慢. 故在刻画运动快慢中, 我们有两个速度的概念, 即平均速度与瞬时速度, 下面我们来讨论瞬时速度.

导数

瞬时速度　设 $f(t)$ 表示在时间 (a,b) 内的直线运动的物体所运动的距离, $t_0 \in (a,b)$, 给时刻 t 一增量 Δt, 则得到 f 的增量 Δf 为

$$\Delta f = f(t_0 + \Delta t) - f(t_0),$$

Δf 表示在时间 $(t_0, t_0 + \Delta t)$ 内所移动的距离, 则

$$\bar{v} = \frac{\Delta f}{\Delta t},$$

表示运动物体在时间 $(t_0, t_0 + \Delta t)$ 内平均速度. 若

$$\lim_{\Delta t \to 0} \frac{\Delta f}{\Delta t}$$

存在, 则称该极限为运动物体在时刻 t_0 的**瞬时速度**$v(t_0)$.

在中学数学中, 我们定义了圆周上任意一点的切线, 我们是否可以对任意给定的曲线的某一点定义其切线呢?

曲线的切线 设 $f(x)$ 是定义在 (a,b) 内的一个函数, 函数图像为

$$L = \{(x, f(x)) \,|\, x \in (a,b)\}.$$

任取一点 $(x_0, f(x_0)) \in L$, 给自变量 x 一个增量 Δx, 则得到 f 的增量 Δf 为

$$\Delta f = f(x_0 + \Delta x) - f(x_0).$$

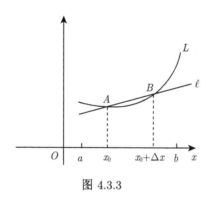

图 4.3.3

如图 4.3.3 所示, 则过两点 $A(x_0, f(x_0)), B(x_0 + \Delta x, f(x_0 + \Delta x))$ 的割线 ℓ 的斜率 $\bar{k}$ 为

$$\bar{k} = \frac{\Delta f}{\Delta x}.$$

若

$$\lim_{\Delta x \to 0} \frac{\Delta f}{\Delta x}$$

存在, 则称该极限为曲线 L 在点 $A(x_0, f(x_0))$ **处切线的斜率**, 称割线 ℓ(在 $\Delta x \to 0$ 时) 的极限位置为曲线 L 在点 A 的**切线**.

上面给出了两个描述瞬时变化率的例子, 去掉它们的物理意义与几何意义, 可以抽象出如下的定义.

定义 4.3.3 设函数 $f(x)$ 定义在区间 (a,b) 内, $x_0 \in (a,b)$, 给 x 一个增量 Δx, 得到函数的增量 $\Delta f = f(x_0 + \Delta x) - f(x_0)$. 若

$$\lim_{\Delta x \to 0} \frac{\Delta f}{\Delta x} = \lim_{\Delta x \to 0} \frac{f(x_0 + \Delta x) - f(x_0)}{\Delta x}$$

存在, 则称该极限为 $f(x)$ 在点 x_0 的**导数**, 记作 $f'(x_0)$ $\left(\text{或} \dfrac{\mathrm{d}f}{\mathrm{d}x}(x_0)\right)$.

导数的几何意义　若曲线方程是 $y = f(x)$, 则曲线上点 $P(x_0, f(x_0))$ 的切线斜率 $k = f'(x_0)$.

过点 $P(x_0, f(x_0))$ 曲线的切线方程为

$$y = f(x_0) + f'(x_0)(x - x_0).$$

若 $f(x)$ 在 (a, b) 内每一点都可导, 则我们得到了 (a, b) 上的新的函数 $f'(x)$, 称之为**导函数**.

评论 3　导数概念是运动与静止的辩证统一! 导数是函数增量与自变量增量比的极限, 极限本身就是一种运动, 这从它的定义中就能看出. 在按一定规律变化的可导函数中, 它在任何瞬时都有一定的导数值, 并且这个导数值并不妨碍它自身的继续运动, 亦即对这个定值的超越, 因而它是运动与静止的统一体: 互为前提, 相互转化, 并在这个不停歇的转化运动中构成了函数这个统一体! 至于一些在某特定条件下不存在导数的函数的情况, 那可以认为是突变 (中断, 即一种特殊的静止, 发生质变的静止), 但它仍然是一种运动, 因为它这一特殊者仍要作为统一体的一部分.

对于 $f'(x)$ 还可以讨论它的导数, 即二阶导数, 记作 $f''(x)$, 一般地, 可以定义 $f(x)$ 的 n 阶导数, 记作 $f^{(n)}(x)$, 即

$$f^{(n)}(x) = \frac{\mathrm{d}}{\mathrm{d}x}\left[f^{(n-1)}(x)\right], \quad n = 2, 3, \cdots.$$

函数 $f(x)$ 在区间 (a, b) 上连续与可导是两个重要的性质, 两者之间的关系如何? 有下面的定理.

定理 4.3.6　若函数 $f(x)$ 在点 x_0 可导, 则 $f(x)$ 在点 x_0 连续.

证明　因 $f(x)$ 在点 x_0 可导, 故有

$$\begin{aligned}
\lim_{\Delta x \to 0}[f(x_0 + \Delta x) - f(x_0)] &= \lim_{\Delta x \to 0} \frac{f(x_0 + \Delta x) - f(x_0)}{\Delta x} \cdot \Delta x \\
&= \lim_{\Delta x \to 0} \frac{f(x_0 + \Delta x) - f(x_0)}{\Delta x} \cdot \lim_{\Delta x \to 0} \Delta x \\
&= f'(x_0) \cdot 0 = 0,
\end{aligned}$$

故有 $\lim\limits_{\Delta x \to 0} f(x_0 + \Delta x) = f(x_0)$, 即 $f(x)$ 在点 x_0 连续.

定理 4.3.6 的逆命题不成立, 即函数在某点连续, 但函数在该点可能不可导.

例 13　函数 $f(x) = |x|$ 在点 $x = 0$ 连续, 但在该点不可导.

证明　$f(x)$ 在点 $x = 0$ 连续是显然的, 但是,

$$\lim_{\Delta x \to 0+} \frac{f(0 + \Delta x) - f(0)}{\Delta x} = \lim_{\Delta x \to 0+} \frac{\Delta x}{\Delta x} = 1,$$

$$\lim_{\Delta x \to 0-} \frac{f(0 + \Delta x) - f(0)}{\Delta x} = \lim_{\Delta x \to 0-} \frac{-\Delta x}{\Delta x} = -1,$$

即 $\lim\limits_{\Delta x \to 0} \dfrac{f(0 + \Delta x) - f(0)}{\Delta x}$ 不存在, 故 $f(x) = |x|$ 在点 $x = 0$ 不可导.

我们关心基本初等函数的导数.

例 14　函数 $f(x) = c$(常值函数), 则 $f'(x) = 0$.

例 15　求 $f(x) = a^x (a > 0, a \neq 1)$ 的导数.

解
$$f'(x) = \lim_{\Delta x \to 0} \frac{f(x + \Delta x) - f(x)}{\Delta x} = \lim_{\Delta x \to 0} \frac{a^{x + \Delta x} - a^x}{\Delta x}$$
$$= a^x \lim_{\Delta x \to 0} \frac{a^{\Delta x} - 1}{\Delta x}.$$

令 $a^{\Delta x} - 1 = h$, 则 $\Delta x = \log_a(1 + h)$, 当 $\Delta x \to 0$ 时, $h \to 0$. 有

$$\lim_{\Delta x \to 0} \frac{a^{\Delta x} - 1}{\Delta x} = \lim_{h \to 0} \frac{h}{\log_a(1 + h)} = \lim_{h \to 0} \frac{1}{\log_a(1 + h)^{\frac{1}{h}}}$$
$$= \frac{1}{\log_a \mathrm{e}} = \ln a,$$

故有

$$f'(x) = (a^x)' = a^x \cdot \ln a.$$

注 2　若 $f(x) = \mathrm{e}^x$, 则有 $f'(x) = \mathrm{e}^x$.

对于导数的运算, 有如下的三个定理.

注 3　若 $f(x) = \ln x$, 则有 $f'(x) = 1/x$.

定理 4.3.7　若函数 $f(x), \varphi(x)$ 在点 x 可导, 则 $f(x) \pm \varphi(x), f(x) \cdot \varphi(x)$, $\dfrac{f(x)}{\varphi(x)}(\varphi(x) \neq 0)$ 在点 x 可导, 且

$$(f(x) \pm \varphi(x))' = f'(x) \pm \varphi'(x),$$

$$(f(x) \cdot \varphi(x))' = f'(x)\varphi(x) + f(x)\varphi'(x),$$

$$\left(\frac{f(x)}{\varphi(x)}\right)' = \frac{1}{\varphi^2(x)} [f'(x)\varphi(x) - f(x)\varphi'(x)].$$

定理 4.3.8　若函数 $f(x)$ 在点 x 的某个邻域内连续且可导且 $f'(x) \neq 0$, 则它的反函数 $x = \varphi(y)$ 在点 $y(y = f(x))$ 可导, 且

$$\varphi'(y) = \frac{1}{f'(x)}.$$

定理 4.3.9　若函数 $y = f(u)$ 在点 u 可导, $u = \varphi(x)$ 在点 x 可导, 则复合函数 $y = (f \circ \varphi)(x)$ 在点 x 也可导, 且

$$(f \circ \varphi)'(x) = f'(u) \cdot \varphi'(x).$$

上述三个定理的证明可参见严子谦等的《数学分析》.

例 16　$f(x) = \log_a x(a > 0, a \neq 1)$ 求 $f'(x)$.

解　设 $y = \log_a x$, 则 $x = a^y$.

$$f'(x) = \frac{1}{(a^y)'} = \frac{1}{a^y \ln a} = \frac{1}{\ln a} \cdot \frac{1}{x}.$$

注 3　若 $f(x) = \ln x$, 则有 $f'(x) = 1/x$.

例 17　证明: $(cf(x))' = cf'(x)$.

证明　利用定理 4.3.7 即可得.

例 18　设 $f(x) = x^\alpha (x > 0, \alpha \in \mathbf{R})$, 求 $f'(x)$.

解　令 $f(x) = e^{\alpha \ln x}$, 由定理 4.3.9, 有

$$f'(x) = e^{\alpha \ln x} \cdot \alpha \cdot \frac{1}{x} = \alpha x^{\alpha - 1}.$$

例 19　半径为 r 的圆的面积 $M(r) = \pi r^2$, 求 $M'(r)$.

解　$M'(r) = 2\pi r$, 即圆的面积的瞬时变化率是圆周长.

例 20　证明 $(\sin x)' = \cos x$, $(\cos x)' = -\sin x$.

证明　利用三角函数的和差化积公式有

$$\sin(x + \Delta x) - \sin x = 2\cos\frac{2x + \Delta x}{2}\sin\frac{\Delta x}{2},$$

故有

$$\lim_{\Delta x \to 0}\frac{\sin(x + \Delta x) - \sin x}{\Delta x} = \lim_{\Delta x \to 0}\cos\frac{2x + \Delta x}{2} \cdot \lim_{\Delta x \to 0}\frac{\sin\frac{\Delta x}{2}}{\frac{\Delta x}{2}} = \cos x,$$

即 $(\sin x)' = \cos x$.

$$(\cos x)' = \left(\sin\left(x + \frac{\pi}{2}\right)\right)' = \cos\left(x + \frac{\pi}{2}\right) = -\sin x.$$

评论 4 数学学科是如此的简洁! 掌握了五个基本初等函数的导数公式、四个四则运算的导数运算法则、复合函数导数的运算法则及反函数导数运算法则, 就可以对一切初等函数进行导数运算. 因此, 对一切事物, 我们不要追求都会做, 但我们要探究至少哪些必须要掌握. 大道至简!

(三) 微分

下面来讨论函数的微分, 为了能更好地说明微分的意义与价值, 先看下面的例子.

微分

例 21 计算 $\sqrt[5]{1.001}$.

这个计算若由计算机来完成, 人们不会体会到什么困难. 若由人工来完成, 就会感到它太难了, 因此, 人们自然想到要寻找一种简单的计算方法, 来做近似计算, 使误差在允许的范围内.

什么计算简单? 应该说一次函数 $f(x) = ax + b$ 计算简单, 我们有下面的定义.

定义 4.3.4 若函数 $y = f(x)$ 在点 x_0 的改变量 Δy 与自变量的改变量 Δx 有如下关系:

$$\Delta y = f(x_0 + \Delta x) - f(x_0) = A\Delta x + o(\Delta x), \tag{1}$$

其中, A 是与 Δx 无关的常量, $\lim\limits_{\Delta x \to 0} \dfrac{o(\Delta x)}{\Delta x} = 0$. 则称函数 $f(x)$ 在点 x_0 可微, 称 $A\Delta x$ 为 $f(x)$ 在点 x_0 的**微分**, 记作

$$\mathrm{d}y = A\Delta x.$$

进一步讨论可知, 函数 $f(x)$ 在一点 x_0 可微当且仅当 $f(x)$ 在点 x_0 可导, 且 $A = f'(x_0)$, 即 $\mathrm{d}y = f'(x_0)\Delta x$.

微分的几何意义 如图 4.3.4 所示, 直线 l 是曲线 $y = f(x)$ 在点 $A(x_0, y_0)$ 的切线, 在点 $x_0 + \Delta x$, 函数的增量 Δy 为 BD, 而微分 $\mathrm{d}y = f'(x_0)\Delta x$ 为 BC, 它是切线 l 的增量.

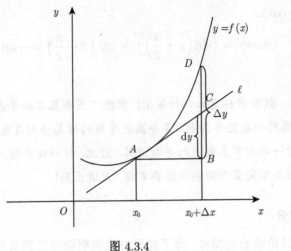

图 4.3.4

由 (1) 式可见, 函数增量与切线增量之差为 $o(\Delta x)$, 是自变量增量 Δx 的高阶无穷小, 在近似计算中, 我们常用微分 dy 来近似代替 Δy, 由 (1) 式, 我们得

$$f(x_0 + \Delta x) \approx f(x_0) + f'(x_0)\Delta x$$

或

$$f(x) \approx f(x_0) + f'(x_0)(x - x_0). \tag{2}$$

现在, 我们来解答例 21.

解　设 $f(x) = x^{\frac{1}{5}}, x_0 = 1, \Delta x = 0.001$,

$$f(1.001) \approx f(1) + f'(1) \times 0.001$$

$$= 1 + \frac{1}{5}x^{-\frac{4}{5}}\bigg|_{x=1} \times 0.001$$

$$= 1 + 0.0002 = 1.0002.$$

评论 5　微分是如此简单的概念, 在数学上起到了非常大的作用. 函数的增量是如此的复杂, 而微分就是那样复杂量的线性近似. 用切线 (即直线) 的增量来近似代替曲线的增量, 即我们通常表达的以直代曲. 这一思想方法是非常重要的! 世间的事物是复杂的, 我们能否舍弃一些次要的因素, 而抓住一个最主要的因素, 使事物变得非常简单?

(四) 导数的应用

问题　我们常常用到指数函数、对数函数和三角函数, 对于给定的自变量 x, 如何计算出它的函数值呢?

1. 函数的逼近

在第三部分中, 我们引入了微分的概念, 就是用切线的增量来近似代替函数的增量, 而切线的表出是利用了导数, 这可以看出导数在近似计算中的作用, 我们可以把 (1) 式表成如下的形式:

$$f(x) = f(x_0) + f'(x_0)(x - x_0) + R_1(x - x_0), \tag{3}$$

其中, 称 $R_1(x - x_0)$ 是一阶余项, 即

$$R_1(x - x_0) = f(x) - [f(x_0) + f'(x_0)(x - x_0)],$$

也称 $R_1(x - x_0)$ 是**误差**, 满足 $\lim\limits_{x \to x_0} \dfrac{R_1(x - x_0)}{x - x_0} = 0$, 称 $R_1(x - x_0)$ 是 $x - x_0$ 的 **高阶无穷小**.

如果 $x - x_0$ 比较大, 则误差 $R_1(x - x_0)$ 也可能比较大, 因此, 我们要对 (3) 式进行推广.

定理 4.3.10　设函数 $f(x)$ 在区间 (a, b) 内具有 $n + 1$ 阶导数, $x_0 \in (a, b)$, 则对于 $x \in (a, b)$, 有

$$\begin{aligned} f(x) = &f(x_0) + f'(x_0)(x - x_0) + \frac{1}{2!} f''(x_0)(x - x_0)^2 \\ &+ \cdots + \frac{1}{n!} f^{(n)}(x_0)(x - x_0)^n + R_n(x - x_0), \end{aligned} \tag{4}$$

其中, 余项 $R_n(x - x_0) = \dfrac{1}{(n+1)!} f^{(n+1)}(\xi)(x - x_0)^{n+1}$.

证明　证明参见严子谦等的《数学分析》.

称 (4) 式为 $f(x)$ 的**泰勒公式**.

注 3　若存在 $M > 0$, 对于任意的 n, 有 $\left| f^{(n+1)}(x) \right| \leqslant M$, 则对于任意给定的 x, 有 $\lim\limits_{n \to +\infty} \dfrac{|x - x_0|^{n+1}}{(n+1)!} = 0$, 即 $R_n(x - x_0) \to 0$(当 $n \to +\infty$ 时), 因此, 我们可以用

$$f(x_0) + f'(x_0)(x - x_0) + \cdots + \frac{1}{n!} f^{(n)}(x_0)(x - x_0)^n$$

来逼近 $f(x)$, 其误差 $R_n(x - x_0)$ 可充分小.

例 22 求 $e^x, \sin x, \cos x$ 在点 $x_0 = 0$ 时泰勒公式.

解 (1) $f_1(x) = e^x$, 则 $f_1^{(n)}(x) = e^x$, $f_1^{(n)}(0) = 1$, 故有

$$e^x = 1 + x + \frac{1}{2!}x^2 + \cdots + \frac{1}{n!}x^n + R_n(x).$$

(2) $f_2(x) = \sin x$, $f_2'(x) = \cos x = \sin\left(x + \frac{\pi}{2}\right)$, 一般地, 有 $f_2^{(n)}(x) = \sin\left(x + n \cdot \frac{\pi}{2}\right)$, 故有 $f_2^{(n)}(0) = \sin\left(n \cdot \frac{\pi}{2}\right)$, 具体地, 有

$$f_2^{(n)}(0) = \begin{cases} 1, & n = 4k+1, \\ 0, & n = 4k+2, n = 4k+4, k = 0,1,2,\cdots, \\ -1, & n = 4k+3. \end{cases}$$

我们可以得到

$$\sin x = x - \frac{1}{3!}x^3 + \frac{1}{5!}x^5 + \cdots + (-1)^k \frac{1}{(2k+1)!}x^{2k+1} + R_{2k+1}(x).$$

完全类似于上面的讨论, 我们有

$$\cos x = 1 - \frac{1}{2!}x^2 + \frac{1}{4!}x^4 + \cdots + (-1)^k \frac{1}{(2k)!}x^{2k} + R_{2k}(x).$$

2. 函数的极值

所谓极值, 简单地说, 是指一群同类量中的最大量 (或最小量), 对于极值问题的研究, 历来被视为一个引人入胜的课题. 波利亚 (Polya, 1887—1985) 说过: "尽管每个人都有他自己的问题, 我们可以注意到, 这些问题大都是些极大或极小的问题. 我们总希望以尽可能低的代价来达到某个目标, 或者以一定的努力来获得尽可能大的效果, 或者在一定的时间内做最大的功, 当然, 我们还希望冒最小的风险. 我相信数学上关于极大和极小的问题, 之所以引起我们的兴趣, 是因为它能使我们日常生活中的问题理想化."

我们先来给出极大 (小) 值的概念.

定义 4.3.5 设函数 $f(x)$ 定义在 (a,b) 上, $x_0 \in (a,b)$, 存在 $\delta > 0$, 当 $x \in (x_0 - \delta, x_0 + \delta) \cap (a,b)$ 时, 有 $f(x) \leqslant f(x_0)$(或 $f(x) \geqslant f(x_0)$), 则称 $f(x_0)$ 是**极大值 (极小值)**, 称 x_0 是**极大值点 (极小值点)**.

定理 4.3.11　　设函数 $f(x)$ 在 (a,b) 上连续且可导, 若 $f(x_0)$ 是极大 (小) 值, 则 $f'(x_0) = 0$; 反之, 若 $f'(x_0) = 0, f''(x_0) < 0$(或 $f''(x_0) > 0$), 则 $f(x_0)$ 是极大 (小) 值.

证明　　可参见严子谦等的《数学分析》中的证明.

例 23　　周长为 12cm 的矩形中, 哪个矩形的面积最大?

解　　设矩形的一条边长为 x, 则矩形的面积为

$$f(x) = x(6 - x) = 6x - x^2.$$

令 $f'(x) = 0$, 则有

$$f'(x) = 6 - 2x = 0,$$

解得

$$x_0 = 3.$$

进一步, 有 $f''(x) = -2$, 即 $f''(x_0) = -2 < 0$, 故 $f(x_0)$ 是最大值, 即 $f(x_0) = 3 \times (6 - 3) = 3^2 = 9$, 即在这些矩形中, 正方形的面积最大.

例 24　　设平面上有直线 $l : y = kx$ 与 l 外一点 $M_0(x_0, y_0)$, 在 l 上求一点 $\bar{M}(\bar{x}, \bar{y})$, 使 $\bar{M}$ 是 l 上距离 M_0 的最近点.

解　　任取一点 $M(x, y) \in 1$, 令

$$f(x) = \left[(x - x_0)^2 + (kx - y_0)^2 \right]^{\frac{1}{2}}.$$

显然, $f(x)$ 表示 M 与 M_0 之间的距离, 且 $\bar{x}$ 是 $f(x)$ 的最小值点当且仅当 $\bar{x}$ 是 $f^2(x)$ 的最小值点, 故我们求 $f^2(x)$ 的最小值点, 令

$$0 = \frac{\mathrm{d}}{\mathrm{d}x} f^2(x) = 2(x - x_0) + 2k(kx - y_0).$$

由此, 解得

$$\bar{x} = \frac{1}{1 + k^2}(x_0 + ky_0).$$

进而有

$$\bar{y} = \frac{k}{1 + k^2}(x_0 + ky_0).$$

进一步判断 $\bar{x}$ 是否是最小值, 为此求 $f^2(x)$ 的二阶导数得

$$\frac{\mathrm{d}^2}{\mathrm{d}x^2}[f^2(x)]|_{x=\bar{x}} = 2 + 2k^2 > 0,$$

故 $\bar{x}$ 是最小值. 进一步计算

$$f(\bar{x}) = [(\bar{x} - x_0)^2 + (k\bar{x} - y_0)^2]^{\frac{1}{2}}$$

$$= \left\{ \left[\frac{1}{1+k^2}((x_0 + ky_0) - (1+k^2)x_0) \right]^2 \right.$$

$$\left. + \left[\frac{1}{1+k^2}((kx_0 + k^2 y_0) - (1+k^2)y_0) \right]^2 \right\}^{\frac{1}{2}}$$

$$= \left\{ \left[\frac{1}{1+k^2}(ky_0 - k^2 x_0) \right]^2 + \left[\frac{1}{1+k^2}(kx_0 - y_0) \right]^2 \right\}^{\frac{1}{2}}$$

$$= \frac{1}{\sqrt{1+k^2}} |y_0 - kx_0|.$$

注 4　我们来讨论点 $\overline{M}$ 在直线 l 上的位置, 为此, 我们来计算

$$k_{MM_0} = \frac{\bar{y} - y_0}{\bar{x} - x_0}$$

$$= \frac{\dfrac{k}{1+k^2}(x_0 + ky_0) - y_0}{\dfrac{1}{1+k^2}(x_0 + ky_0) - x_0}$$

$$= \frac{kx_0 + k^2 y_0 - (1+k^2)y_0}{x_0 + ky_0 - (1+k^2)x_0}$$

$$= \frac{kx_0 - y_0}{ky_0 - k^2 x_0} = -\frac{1}{k} (因 kx_0 - y_0 \neq 0).$$

此式表明线段 $\overline{M}M_0 \perp l$. 即 $\overline{M}$ 是从 M_0 所作垂线的垂足. 在中学数学中, 将线外一点到直线上所做垂线的长度定义为点到直线的距离.

3. 微分学中值定理

在这一节的最后, 我们来讨论函数 $f(x)$ 与导函数的关系有下面的定理.

微分学中值定理

定理 4.3.12 (微分学基本定理)　设 $f(x)$ 在闭区间 $[a, b]$ 上连续, 在开区间 (a, b) 内可导, 则至少存在一点 $c \in (a, b)$, 使得

$$f(b) - f(a) = f'(c)(b - a).$$

证明　构造函数, 如图 4.3.5 所示,

$$\varphi(x) = f(x) - \left[f(a) + \frac{f(b) - f(a)}{b - a}(x - a) \right].$$

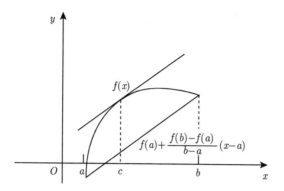

图 4.3.5-1

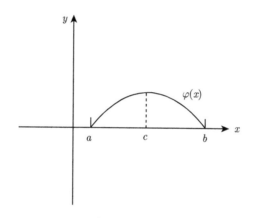

图 4.3.5-2

函数 $\varphi(x)$ 在闭区间 $[a,b]$ 上连续, 在开区间 (a,b) 内可导, 且 $\varphi(a) = \varphi(b) = 0$, 则至少存在一个 $c \in (a,b)$, c 是 $\varphi(x)$ 的极值点 (也可能 $\varphi(x) \equiv 0$), 故有 $\varphi'(c) = 0$, 即有

$$f(b) - f(a) = f'(c)(b - a).$$

例 25 设 $0 < x_1 < x_2 < x_3 < \pi$, 则有

$$\frac{\sin x_1 - \sin x_2}{x_1 - x_2} > \frac{\sin x_2 - \sin x_3}{x_2 - x_3}. \tag{5}$$

证明 设 $f(x) = \sin x$, 则在区间 $[x_1, x_2], [x_2, x_3]$ 上 $f(x)$ 满足定理 4.3.12 的条件, 故存在 $c_1 \in (x_1, x_2), c_2 \in (x_2, x_3)$, 使得

$$\frac{\sin x_1 - \sin x_2}{x_1 - x_2} = (\sin x)' \big|_{x = c_1} = \cos c_1,$$

$$\frac{\sin x_2 - \sin x_3}{x_2 - x_3} = (\sin x)' \big|_{x = c_2} = \cos c_2.$$

因 $0 < c_1 < c_2 < \pi$, 故有 $\cos c_1 > \cos c_2$, 即

$$\frac{\sin x_1 - \sin x_2}{x_1 - x_2} > \frac{\sin x_2 - \sin x_3}{x_2 - x_3}.$$

注 5　例 25 有清晰的几何意义, 如图 4.3.6 所示.

(5) 式左端为割线 l_1 的斜率 k_{l_1},

(5) 式右端为割线 l_2 的斜率 k_{l_2}.

几何直观表明 $k_{l_1} > k_{l_2}$, 但几何直观不是数学证明.

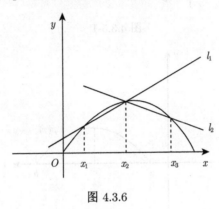

图 4.3.6

4.4　积　分

积分

　　在中学数学中, 我们学习了一些规则几何图形 (矩形、三角形、圆) 面积的计算与一些规则几何体 (长方体、锥体、球体) 体积的计算, 但我们并不清楚其中一些计算公式的由来, 对于一个一般的几何图形的面积、一般的几何体的体积都不会计算, 本节, 我们在这些方面做一些探索.

(一) 定积分的定义

我们给出一个求曲边梯形面积的例子.

曲边梯形的面积　所谓曲边梯形如图 4.4.1 所示, 即由 $x = a, x = b, y = f(x), y = 0$ 围成的图形. 其面积我们采用如下的方法来计算.

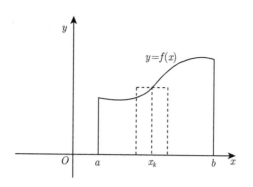

图 4.4.1

将区间 $[a, b]$ n 等分, 即

$$\left[a, a + \frac{b-a}{n}\right], \quad \left[a + \frac{1}{n}(b-a), a + \frac{2}{n}(b-a)\right], \quad \cdots,$$

$$\left[a + \frac{k-1}{n}(b-a), a + \frac{k}{n}(b-a)\right], \quad \cdots, \quad \left[a + \frac{n-1}{n}(b-a), b\right].$$

任取 $\xi_k \in \left[a + \dfrac{k-1}{n}(b-a), a + \dfrac{k}{n}(b-a)\right]$, 得到小矩形面积 $m_k = f(\xi_k) \cdot \dfrac{b-a}{n}$. 我们进一步对 n 个小矩形面积做和

$$M_n = \sum_{k=1}^{n} m_k = \sum_{k=1}^{n} f(\xi_k) \cdot \frac{b-a}{n}.$$

若 $\lim\limits_{n \to \infty} M_n$ 存在, 称该极限为**曲边梯形的面积**.

去掉上面的几何背景, 可以给出定积分的概念.

定义 4.4.1 设函数 $y = f(x)$ 在区间 $[a, b]$ 上连续, 给定区间 $[a, b]$ 一个分割: $a = x_0 < x_1 < \cdots < x_{n-1} < x_n < b, x_k = x_0 + \dfrac{k}{n}(b-a)$, 任取 $\xi_k \in [x_{k-1}, x_k]$, 做和式

$$\sum_{k=1}^{n} f(\xi_k) \cdot \Delta x_k,$$

其中 $\Delta x_k = x_k - x_{k-1} = \dfrac{1}{n}(b-a)$. 我们称 $\lim\limits_{n \to \infty} \sum\limits_{k=1}^{n} f(\xi_k)\Delta x_k$ 为 $f(x)$ 在区间 $[a, b]$ 上的**定积分**, 记作 $\displaystyle\int_a^b f(x)\mathrm{d}x$.

注 1 对于在 $[a, b]$ 上的连续函数, $\lim\limits_{n \to \infty} \sum\limits_{k=1}^{n} f(\xi_k)\Delta x_k$ 是一定存在的.

注 2 若 $f(x) > 0$, 则 $\displaystyle\int_a^b f(x)\mathrm{d}x$ 的几何意义就是曲边梯形的面积.

例 1   计算: 由 $x = 0, x = 1, f(x) = x^2$ 与 x 轴围成的曲边三角形的面积 (图 4.4.2).

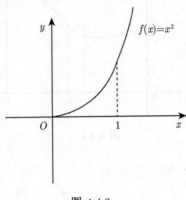

图 4.4.2

解   我们将区间 $[0,1]$ n 等分, 取每个小区间的右端点的函数值为高做小矩形, 并将 n 个小矩形面积求和得

$$M_n = \sum_{k=1}^{n} \left(\frac{k}{n} \right)^2 \cdot \frac{1}{n}$$

$$= \frac{1}{n^3} \sum_{k=1}^{n} k^2$$

$$= \frac{1}{n^3} \cdot \frac{1}{6} n(n+1)(2n+1).$$

令 $n \to \infty$, 求极限得

$$\int_0^1 x^2 \mathrm{d}x = M = \lim_{n \to \infty} \frac{1}{n^3} \frac{1}{6} n(n+1)(2n+1) = \frac{1}{3}.$$

此例表明, 计算 $\displaystyle\int_a^b f(x)\mathrm{d}x$ 并非容易之事.

(二) 定积分的计算与应用

1. 定积分的计算

定理 4.4.1   设 $f(x)$ 在闭区间 $[a,b]$ 上具有连续导函数 $f'(x)$, 则

$$\int_a^b f'(x)\mathrm{d}x = f(b) - f(a) \triangleq f(x) \big|_a^b . \tag{1}$$

注 3   定理 4.4.1 称为微积分学基本定理, 公式 (1) 称为牛顿–莱布尼茨公式.

证明　如图 4.4.1 所示, 我们将其定义域 $[a, b]$ n 等分, $a = x_0 < x_1 < x_2 <$ $\cdots < x_{n-1} < x_n = b, \Delta x_k = x_k - x_{k-1} = \dfrac{b - a}{n}$, 则有

$$f(b) - f(a) = \sum_{k=1}^{n} (f(x_k) - f(x_{k-1}))$$

$$= \sum_{k=1}^{n} f'(\xi_k) \cdot \Delta x_k.$$

对上式两端取极限 (令 $n \to \infty$), 由于等式左端是常数, 取极限不变, 有

$$f(b) - f(a) = \int_a^b f'(x)\mathrm{d}x.$$

2. 利用定积分求面积

例 2　求圆心角为 α 半径为 R 的扇形面积.

解　如图 4.4.3 所示, 设我们在 Ox 轴做区间 $[0, R]$, 对于 $x \in [0, R]$, 可得到小环带区域的近似面积为

$$x \cdot \alpha \cdot \Delta x.$$

因此, 扇形面积为

$$M_{扇 OAB} = \int_0^R x \cdot \alpha \mathrm{d}x$$

$$= \frac{1}{2} \alpha \cdot x^2 \Big|_0^R = \frac{1}{2} \alpha \cdot R^2.$$

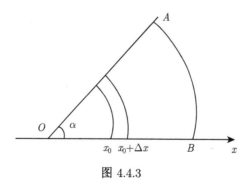

图 4.4.3

注 4　当 $\alpha = 2\pi$ 时, 扇形变成圆, 得到圆的面积

$$M_{圆} = \frac{1}{2} \cdot 2\pi \cdot R^2 = \pi R^2.$$

例 3　求椭圆 $\dfrac{x^2}{a^2} + \dfrac{y^2}{b^2} = 1$ 所围区域的面积.

解　设所求的面积为 M, 如图 4.4.4 所示, $M = 4M_1$,

$$M_1 = \int_0^a \frac{b}{a}\sqrt{a^2 - x^2}\mathrm{d}x.$$

设 $x = a\sin t$ 则 $\mathrm{d}x = a\cos t\mathrm{d}t$.

$$M = 4M_1 = 4\frac{b}{a}\int_0^{\frac{\pi}{2}} a^2\cos^2 t\mathrm{d}t$$

$$= 2ab\int_0^{\frac{\pi}{2}} (1 + \cos 2t)\mathrm{d}t$$

$$= 2ab\left(t + \frac{1}{2}\sin 2t\right)\bigg|_0^{\frac{\pi}{2}}$$

$$= \pi ab.$$

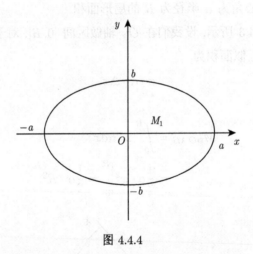

图 4.4.4

注 5　在例 3 中, 当 $a = b$ 时, 椭圆成为圆, 由此可得

$$M_{圆} = \pi a^2.$$

在例 2 中, 我们讨论了扇形, 圆是一个特殊的 $(\alpha = 2\pi)$ 扇形. 在例 3 中, 我们讨论了椭圆, 圆是一个特殊的 $(a = b)$ 椭圆.

3. 利用定积分求体积

在例 2 与例 3 中, $f(x)$ 表示小曲边梯形的高时, 则

$$\mathrm{d}M = f(x)\mathrm{d}x,$$

表示小矩形的面积, 我们称 $\mathrm{d}M = f(x)\mathrm{d}x$ 为**面微元**, 若 $f(x)$ 表示在点 x 的面积, 则

$$\mathrm{d}V = f(x)\mathrm{d}x$$

为**体微元**, 则

$$V = \int_a^b f(x)\mathrm{d}x$$

表示某个立体的体积.

例 4　求椭球 $\dfrac{x^2}{a^2} + \dfrac{y^2}{b^2} + \dfrac{z^2}{c^2} \leqslant 1$ 的体积 V.

解　由于椭球关于 xOy 平面对称, 故该椭球的体积 V 是该椭球在 xOy 平面上部体积的 2 倍 (图 4.4.5). 对于取定的 $z \subset (0, c)$, 过点 $(0, 0, z)$ 作垂直于 z 轴的平面, 其截面为一椭圆, 椭圆方程为

$$\frac{x^2}{\dfrac{a^2}{c^2}(c^2 - z^2)} + \frac{y^2}{\dfrac{b^2}{c^2}(c^2 - z^2)} = 1,$$

其椭圆面积

$$M(z) = \pi \cdot \frac{ab}{c^2}(c^2 - z^2),$$

故

$$V = 2\int_0^c M(z)\mathrm{d}z = 2\pi\frac{ab}{c^2}\int_0^c [c^2 - z^2]\mathrm{d}z$$

$$= 2\pi\frac{ab}{c^2}\left[c^2 z - \frac{1}{3}z^3 \right]\bigg|_0^c = \frac{4}{3}\pi abc.$$

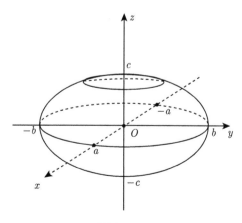

图 4.4.5

注 6　在例 4 中, 若 $a = b = c$, 则椭球成为一个半径为 a 的球, 从而有球的体积为

$$V(a) = \frac{4}{3}\pi a^3.$$

我们用 $S(a)$ 表示半径为 a 的球的表面积, 由导数的定义可得

$$S(a) = \frac{\mathrm{d}}{\mathrm{d}a}V(a) = 4\pi a^2,$$

其中 $M(a) = \pi a^2$ 表示该球大圆的面积, 即球的表面积是大圆面积的 4 倍.

问题　任意凸几何体的表面积不超过其最大截面面积的最小倍数是多少?

例 5　求顶点在坐标原点的锥面 $\dfrac{x^2}{a^2} + \dfrac{y^2}{b^2} = \dfrac{z^2}{c^2}$ 与平面 $z = c$ 所围成的锥体的体积.

解　如图 4.4.6 所示, 任取 $z \in (0, c)$, 过点 $(0, 0, z)$ 做垂直于 z 轴的平面, 截面为椭圆, 其方程为

$$\frac{x^2}{a^2\dfrac{z^2}{c^2}} + \frac{y^2}{b^2\dfrac{z^2}{c^2}} = 1,$$

故椭圆面积为

$$M(z) = \pi\frac{ab}{c^2}z^2,$$

从而有

$$\begin{aligned}
V &= \int_0^c M(z)\mathrm{d}z = \pi\frac{ab}{c^2}\int_0^c z^2\mathrm{d}z \\
&= \pi\frac{ab}{c^2} \cdot \frac{1}{3}z^3\bigg|_0^c = \frac{1}{3}\pi abc.
\end{aligned}$$

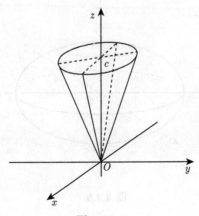

图 4.4.6

注 7 πab 为该锥体的 (上) 底面面积，c 为锥体的高，即锥体体积是同底等高柱体体积的 $\frac{1}{3}$，这一结论，在中学数学中只能用实验来完成，这里是进行了严格的证明.

请 您 思 考

A 组

1. 在一个集合中，赋予了一种运算，运算的作用是什么？

2. 如何理解运算中的零元与负元？

3. 如何理解数列极限的定义？是否掌握了否定的概念？

4. 为什么要引进极限的运算？它的作用是什么？

5. 数列极限与数列的前 10000 项有关系吗？

6. 收敛数列和其子列的收敛性关系如何？

7. 数列极限运算的价值是什么？

8. 数列极限与函数极限的异同是什么？

9. 函数极限与函数连续的关系是什么？

10. 数列可以看成是定义在自然数集上的函数，该函数是否连续？

11. 初等函数在定义域上连续吗？为什么？

12. 函数的间断有几种情形？

13. 导数概念的出现，它的价值与意义是什么？

14. 导数与连续的关系是什么？

15. 导数与微分的关系是什么？

16. 微分的意义是什么？

17. 定积分的几何意义与物理意义是什么？

18. 定积分与微分的关系是什么？

19. 定积分能解决哪些实际问题？

20. 研究连续、可导、可积的工具是什么？

B 组

1. 证明 $\lim\limits_{n\to\infty}\dfrac{n}{n+1}=1$.

2. 证明：数列 $\{a_n=(-1)^n\}$ 发散.

3. 若 $\lim\limits_{n\to\infty}a_n=a$, 则 $\lim\limits_{n\to\infty}|a_n|=|a|$. 反之, 结论是否正确?

4. 若数列 $\{a_n\}$ 收敛, 则其极限是唯一的.

5. 若 $\lim\limits_{n\to\infty}a_n=a$, $\lim\limits_{b\to\infty}b_n=b$, 且 $a<b$, 则存在自然数 N, 当 $n>N$ 时, 有 $a_n<b_n$.

6. 若 $\lim\limits_{n\to\infty}a_n=a$, $\lim\limits_{n\to\infty}b_n=b$ 且 $a_n\leqslant b_n$, 则 $a\leqslant b$.

7. 求抛物线 $y=x^2$ 过点 $P(1,1)$ 的切线方程.

8. 已知半径为 r 的圆的面积是 $S(r)=\pi r^2$, $S(r)$ 随着 r 的增加而增加, 增加的速度是多少?

9. 已知半径为 r 的球的体积 $V(r)=\dfrac{4}{3}\pi r^3$, $V(r)$ 随着 r 的增加而增加, 增加的速度是多少?

10. 求下列函数的导数.

(1) $f(x)=\cos x$;　　　　　　　　　　(2) $\varphi(x)=\sin 3x$;

(3) $g(x)=2x+x^2$;　　　　　　　　　　(4) $h(x)=\log_a 5x$.

11. 证明 $\displaystyle\int_a^b c\,\mathrm{d}x=c(b-a)$.

12. 计算下列定积分.

(1) $\displaystyle\int_0^1 x\,\mathrm{d}x$;　　　　　　　　　　(2) $\displaystyle\int_0^1 x^2\,\mathrm{d}x$.

数学漫谈　微积分简史

在 16 世纪, 天文学与物理学取得了长足的发展. 到了 17 世纪, 人们又提出了许多科学问题, 这些问题也就成了促使微积分产生的动力. 归结起来, 主要有四种类型的问题. 第一类问题是研究运动的时候直接出现的求瞬时速度的问题. 第二类问题是求曲线的切线的问题. 第三类问题是求函数的最大值和最小值问题. 第四类问题是求曲线长、曲线围成的面积、曲面围成的体积问题. 数学首先从对运动 (如天文、航海问题等) 的研究中引出了函数的基本概念, 在那以后的二百年里, 这个概念在几乎所有的工作中占中心位置. 紧接着函数概念的采用, 产生了微积分, 它是继欧几里得几何之后, 数学中的又一大创造.

实际上, 在 17 世纪的许多著名的数学家、天文学家、物理学家都为解决上述几类问题作了大量的研究工作, 如法国的费马、笛卡儿、罗伯瓦、德萨格 (G. Desargues, 1591—1661); 英国的巴罗、瓦里士; 德国的开普勒; 意大利的卡瓦列利等人都提出许多很有建树的理论, 为微积分的创立做出了贡献. 费马、巴罗、笛卡儿都对求曲线的切线以及曲线围成的面积问题有过深入的研究, 并且得到了一些结果, 但是他们都没有意识到它的重要性. 在 17 世纪的前三分之二, 微积分的工作沉没在细节里, 作用不大的细枝末节的推理使他们筋疲力尽了. 只有少数几个大数学家意识到了这个问题, 如詹姆斯·格里高利说过: "数学的真正划分不是分成几何和算术, 而是分成普遍的和特殊的." 而这普遍的东西是由两个思想家牛顿和莱布尼茨提供的. 17 世纪下半叶, 在前人工作的基础上, 英国科学家牛顿和德国数学家莱布尼茨分别独自研究和完成了微积分的创立工作, 虽然这只是十分初步的工作. 他们的最大功绩是把两个貌似毫不相关的问题联系在一起, 一个是切线问题 (微分学的中心问题), 一个是求积问题 (积分学的中心问题).

牛顿和莱布尼茨建立微积分的出发点是直观的无穷小量, 因此这门学科早期也称为无穷小分析, 这正是现在数学中分析学这一大分支名称的来源. 牛顿研究微积分着重于从运动学来考虑, 莱布尼茨却是侧重于几何学来考虑的.

牛顿的贡献

牛顿在 1671 年写了《流数术和无穷级数》一书, 这本书直到 1736 年才出版, 他在这本书里指出, 变量是由点、线、面的连续运动产生的,否定了以前自己认为的变量是无穷小元素的静止集合. 他把连续变量叫做流动量, 把这些流动量的导数叫做流数. 牛顿在流数术中所提出的中心问题是: 已知连续运动的路径, 求给定时刻的速度 (微分法); 已知运动的速度求给定时间内经过的路程 (积分法).

莱布尼茨的贡献

德国的莱布尼茨 (又译 "莱布尼兹") 是一个博学多才的学者, 1684年, 他发表了现在世界上认为是最早的微积分文献, 这篇文章有一个很长而且很古怪的名字《一种求极大极小和切线的新方法, 它也适用于分式和无理量, 以及这种新方法的奇妙类型的计算》. 就是这样一篇说理也颇含糊的文章, 却有划时代的意义. 它已含有现代的微分符号和基本微分法则. 1686 年, 莱布尼茨发表了第一篇积分学的文献. 他是历史上最伟大的符号学者之一, 他所创设的微积分符号, 远远优于牛顿的符号, 这对微积分的发展有极大的影响. 现今我们使用的微积分通用符号就是当时莱布尼茨精心选用的.

微积分中的哲学思想

在数学发展史上, 微积分的诞生是三个重要里程碑之一. 它体现了数学从静止走向运动和变化的哲学思想. 在微积分的发展过程中蕴含着丰富的哲学思想. 从微积分产生的历史中, 我们可以看到这样一个科学哲学的问题: 科学的发现或发明是一个过程, 它不是某一个人的智慧火花的简单迸发. 任何发现、发明都有一个思想进化和酝酿的过程, 科学概念和理论的形成是一个逐步积累和纯化的过程. 通过微积分中的极限来认识无限的概念, 人们这样理解无限: 无限是有限的发展, 无限个数目的和不是一般的代数和, 把它定义为 "部分和" 的极限, 我们只有借助极限, 才能够认识无限.

微积分的创立标志着数学由 "常量数学" 时代发展到 "变量数学" 时代. 这次转变具有重大的哲学意义. 变量数学中的一些基本概念如变量、函数、极限、微分、积分、微分法和积分法等从本质上看是辩证法在数学中的运用. 正如恩格斯所指出的: "数学中的转折点是笛卡儿的变数. 有了变数, 运动进入了数学, 有了变数, 辩证法进入了数学, 有了变数, 微分和积分也就立刻成为必要的了." 对立统一的规律在微积分中得到了充分的体现. 例如, 近似和精确是对立统一的关系, 二者在一定条件下可以相互转化, 这就是微积分中通过求极限而获得精确值的重要方法.

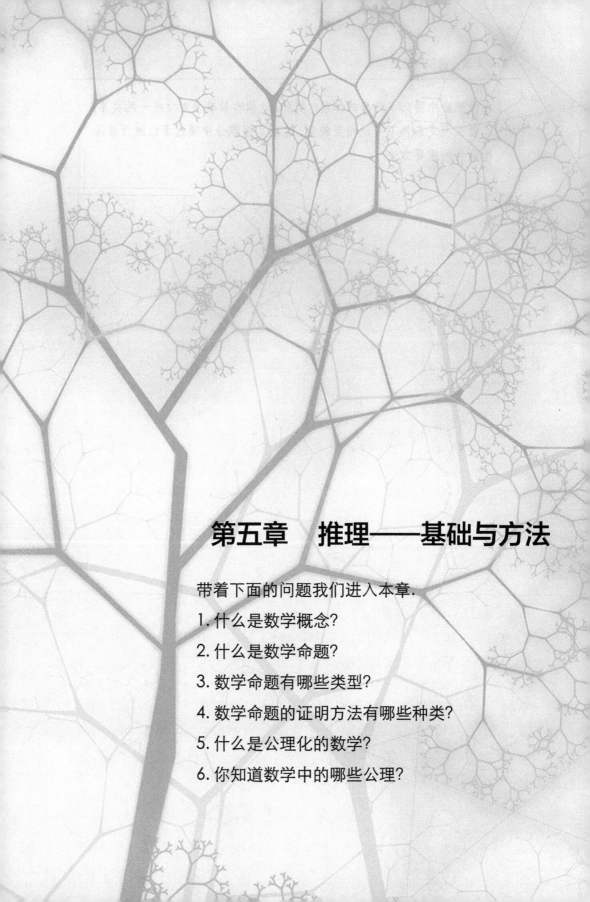

第五章　推理——基础与方法

带着下面的问题我们进入本章.

1. 什么是数学概念?

2. 什么是数学命题?

3. 数学命题有哪些类型?

4. 数学命题的证明方法有哪些种类?

5. 什么是公理化的数学?

6. 你知道数学中的哪些公理?

5.1 数学推理的基础

在这一节中, 主要介绍数学的概念、数学的命题, 以及数学推理过程中遵循的原则.

(一) 数学的概念

从小学的数学课程开始, 我们不断地学习数学概念. 从语言表达形式上看, 数学概念表达为词语, 例如 "自然数" "三角形" "函数" 等. 一般地, 概念是一种通过反映对象特有属性来反映对象的思维方式(参见程树铭的《逻辑学》, 2013).

数学的概念和命题

概念有两个基本的逻辑特征, 即内涵与外延, **内涵**就是概念所反映的对象的特有属性; **外延**则是概念所反映的对象范围. 明确概念的内涵和外延, 对于正确地进行思维活动和语言表达活动都具有重要意义.

评论 1   在数学课本中, 给出概念的方式叫做下定义. 下定义就是揭示概念的内涵, 亦即指出它所反映对象所具有的本质属性的逻辑活动. 下定义的过程是一个对事物抽象概括的过程. 一个人抽象概括的能力是非常重要的能力.

思考题   是否每一个概念都可以下定义?

数学概念与集合有着密切的关系. 我们可以从概念的内涵来认识概念, 也可以通过外延来认识一个概念, 而概念的外延就是一个集合, 如

$$\text{“一位数字的自然数”} = \{0, 1, 2, 3, 4, 5, 6, 7, 8, 9\}.$$

如果一个概念的外延是有限个元素做成的集合, 我们通过集合的构成就认识清楚了这个概念. 否则, 我们应该通过内涵来认识概念, 如

$$\text{“圆”} = \left\{ M(x,y) \,\middle|\, |MO| = \sqrt{x^2 + y^2} = r \right\},$$

即圆是到定点 O 的距离为 r 的点 M 的全体.

　　在中学数学中, 考虑到学生的接受能力, 并非对每个概念都给了严格的定义. 例如, **称形如a^x的函数为指数函数**. 这是一个很模糊的定义. 我们给出下面的问题: $f(x) = a^{x+1}$ 是否是指数函数? 按照上述的定义很难回答这个问题.

　　我们如下利用内涵给出指数函数的定义.

　　指数函数　$f : \mathbf{R} \to \mathbf{R}_+$ 连续, 且满足

　　(1) $\forall x, y \in \mathbf{R}, f(x + y) = f(x) \cdot f(y)$;

　　(2) 存在$a > 0$且$a \neq 1, f(1) = a$.

则称 $f(x)$ 是**指数函数**.

　　利用指数函数的定义, 我们可以回答前面的问题, 事实上

$$f(x + y) = a^{x+y+1},$$
$$f(x) \cdot f(y) = a^{x+1} \cdot a^{y+1} = a^{x+y+2}.$$

由于 $a > 0$ 且 $a \neq 1$, 故 $f(x + y) \neq f(x) \cdot f(y)$, 因此 $f(x) = a^{x+1}$ 不是指数函数.

　　我们记

$$A = \left\{ f(x) \middle| f : \mathbf{R} \to \mathbf{R}_+ \text{连续} \right\},$$

$$B = \{ f(x) \middle| f \in A, \text{且} \forall x, y \in \mathbf{R}, f(x + y) = f(x) \cdot f(y) \}.$$

显然 $B \subset A$ 且 $B \neq A$, 即存在元素在 A 中, 但不在 B 中. 事实上, 我们选取 $f_1(x) = x^2$, 则 $f_1 \in A$, 但 $f_1 \notin B$.

　　选取 $f_2(x) = 2^x, f_3(x) = 3^x$, 则 $f_2 \neq f_3$ 且 $f_2 \in B, f_3 \in B$. 事实上, 有无穷多的 $f_n(x) = n^x$ 都在 B 中.

　　对于指定的 $a > 0, a \neq 1$, 令

$$C = \left\{ f(x) \middle| f \in B, \text{且} f(1) = a \right\},$$

则集合 C 中只有一个元素 $f(x) = a^x$.

　　从上面的讨论可以看出, 概念的内涵与外延成**反比例关系**: 概念的内涵越多, 则概念的外延越小. 反之, 概念的内涵越少, 则概念的外延越大.

　　在逻辑学中, 将概念的外延做成的集合的包含关系称为**属种关系**, 其中外延较大的概念为**属概念**, 外延较小的概念为**种概念**. 属概念与种概念是相对的, 例如对于连续函数 (集合 A 中的元素) 与指数函数类函数 (集合 B 中的元素),

连续函数是属概念, 指数函数类函数是种概念. 而对于指数函数类函数 (集合 B 中的元素) 与以 a 为底的指数函数 (集合 C 中的元素), 指数函数类函数是属函数, 以 a 为底的指数函数是种概念.

在数学上, 常利用概念的属种关系, 在外延较大的属概念下, 添加新的属性来缩小外延, 得到新的种概念.

我们也可以利用两种不同概念外延的互异关系 (即甲概念的外延 A, 乙概念的外延 B, 有 $A \cap B = \varnothing$) 来定义新概念.

例如, 设函数 $f(x)$ 定义在区间 (a, b) 上,

$$A = \left\{ x \in (u, b) \mid x \text{ 是} f(x) \text{的连续点} \right\}.$$

定义 $x_0 \in (a, b)$ 是函数 $f(x)$ 的间断点当且仅当 x_0 不是 $f(x)$ 的连续点, 令 B 表示 $f(x)$ 的间断点的全体, 则

$$B = \left\{ x \in (a, b) \mid x \notin A \right\} = (a, b) \backslash A.$$

显然有 $A \cap B = \varnothing$.

这样的例子很多. 如 $f_n(x) = x^n, x \in [0, 2]$, 对于 $x \in [0, 1]$, $\lim\limits_{n \to \infty} f_n(x)$ 存在, 即当 $x \in [0, 1]$ 时, 称 x 为 $f_n(x)$ 的收敛点, 而对于 $x \in (1, 2]$, x 不是 $f_n(x)$ 的收敛点, 称其为发散点, 即

$$\{ f_n(x) \text{的发散点} \} = (1, 2] = [0, 2] \backslash [0, 1],$$

$$[0, 1] \cap (1, 2] = \varnothing.$$

又如,

$$\mathbf{Q} = \{ x \mid x \text{ 是无限循环小数} \} \text{ 是有理数集},$$

$$\mathbf{R} \backslash \mathbf{Q} = \{ x \mid x \text{ 是无限不循环小数} \} \text{ 是无理数集},$$

有 $\mathbf{Q} \cap (\mathbf{R} \backslash \mathbf{Q}) = \varnothing$.

评论 2 从概念的内涵与外延成反比例关系, 人们利用两种不同的方法讨论概念.

方法一 概念的限制, 它是使概念越来越趋向特殊化的思维活动. 例如, 从 "四边形" 限制到 "平行四边形", 再限制到 "矩形", 这就是概念限制的过程. 在

概念的限制过程中, 从最一般的概念逐渐过渡到一般性较小的概念, 最后达到外延是一个个体, 因而是不能再加限制的概念. 所以, 凡是这个个体所有的本质属性, 都是这个概念的内涵, 因此它的内涵最广.

方法二　概念的概括, 它是使概念越来越趋向一般化的思维活动. 例如, 从 "自然数" 到 "整数", 到 "有理数", 到 "实数", 到 "复数", 到 "数", 这就体现着一个概括的过程. 科学上为了在对象中揭露它们最一般的特性, 广泛地使用这种方法.

(二) 数学的命题

从小学数学开始, 我们学习了很多数学的结论, 即数学的命题. 例如, "两个有理数之和是有理数" 和 "三角形三个内角和是 180 度" 等. 数学命题是在数学概念的基础上形成的可供判别是否正确的语句, 比数学概念更为复杂. 一般地, 命题是一种陈述事物情况的思维形态(参见程树铭的《逻辑学》, 2013). 命题对事物情况的陈述, 可能符合实际, 也可能不符合实际, 符合客观实际的命题为真命题, 不符合客观实际的命题是假命题. 例如, "一个角是直角的平行四边形是矩形" 这一命题是真命题, 而 "一个角是直角的平行四边形是正方形" 这一命题是假命题.

评论 3　在数学中, 通常给出命题的方式是定理. 命题与定理的不同之处在于定理是在一定的前提下经过推理得到的命题, 因此是真命题. 得到定理的保证是前提的正确 (视为证据) 和演绎推理. 事实上, 科学的发展都依赖于证据与逻辑.

数学命题有时间性. 费马大定理现在是真命题 (1995 年被证明), 哥德巴赫猜想至今尚未证明其成立与否, 故该命题只能是个猜想.

思考题　是否每一个命题都是定理?

命题与概念之间关系密切. 命题必须用到概念, 没有概念就没有命题.

我们考察前面提到的命题: "一个角是直角的平行四边形是矩形". 我们也可以将该命题表述为 "矩形是一个角是直角的平行四边形". 同时, 我们也可以将上述命题作为矩形的定义, 因此, 有的命题也可以作为概念的定义.

思考题　什么样的命题可以作为概念的定义?

但是并非每一个命题都可以作为概念的定义, 例如: "四边形是多边形" 这是一真命题, 但是, 不能把 "多边形" 定义成为 "是四边形".

数学命题是由条件与结论两部分组成的, 它通常的形式为 "若 A, 则 B", 即如果有了条件 A, 就可以保证结论 B 成立, 我们则称条件 A 对于结论 B 是**充分条件**; 如果没有条件 A, 则结论 B 就一定不成立, 我们则称条件 A 对于结论 B 是**必要条件**.

在数学中, 有两类命题, 即性质命题 (性质定理) 与判断命题 (判定定理).

性质定理指用来说明一个概念存在的必要条件的定理. 例如, "正方形是有一个角是直角的平行四边形" 就是正方形的一个性质定理. "有一个角是直角的平行四边形" 是 "正方形" 的必要条件.

判定定理是判断所讨论的事物是否符合某个概念的定理, 即判定定理是满足某个概念的充分条件. "矩形是有一个角是直角的平行四边形" 就是矩形的一个判定定理. "有一个角是直角的平行四边形" 是 "矩形" 的充分条件.

对于给定的命题 "若 A, 则 B"(或称之为原命题), 有否命题 "若不 A, 则不 B"; 逆命题 "若 B, 则 A" 和逆否命题 "若不 B, 则不 A".

例如, 原命题 "若两个几何图形全等, 则此两图形面积相等". 其否命题为 "若两个几何图形不全等, 则此两图形面积不相等", 其逆命题为 "若两个几何图形面积相等, 则此两个图形全等", 其逆否命题为 "若两个几何图形的面积不等, 则此两个图形不全等".

由上面的例子可见, 原命题正确, 其否命题与逆命题不一定成立, 但逆否命题是正确的.

事实上, **原命题与其逆否命题同为正确或同为不正确.**

我们给出如下的证明.

假设 "若 A, 则 B", 一定有 "若不 B, 则不 A".

采用**反证法** 假设 "若不 B, 则 A". 由原命题 "若 A, 则 B" 可推得 "若不 B, 则 B". 这是一个矛盾, 故原命题与逆否命题同为正确或同为不正确.

四种命题之间的关系如下.

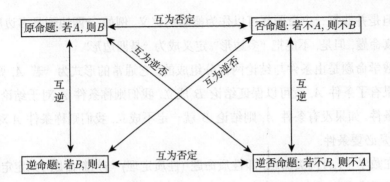

可以看出：一个原命题的否命题与这个原命题的逆命题或同时是正确的，或同时是不正确的.

若原命题 "若 A, 则 B" 是真命题, 且其逆命题 "若 B, 则 A" 也是真命题, 则从原命题看, 条件 A 是结论 B 的充分条件, 从逆否命题看, 则 "若不 A, 则不 B", 条件 A 是结论 B 的必要条件. 在这种情况下我们称条件 A 是结论 B 的**充分必要条件**. 我们通常表述为 "A 成立当且仅当 B 成立".

评论 4   上述讨论的条件与结论的关系存在于各个学科与我们的生活中. 例如, 太阳光线充足是室内明亮的充分条件, 而不是必要条件. 阴天是下雨的必要条件, 而不是充分条件. 太阳落山是白昼变成黑夜的充分必要条件. 我国古书《墨经》上的 "有之必然, 无之必不然" 就是对充分必要条件的注释.

例 1   三位数的自然数 $a_1a_2a_3$ 是 9 的倍数当且仅当 $a_1 + a_2 + a_3$ 是 9 的倍数.

分析   这是一个典型的 "A 成立当且仅当 B 成立" 的例子, 其中 A 为 "三位数的自然数 $a_1a_2a_3$ 是 9 的倍数". B 为 "$a_1 + a_2 + a_3$ 是 9 的倍数", 本题就是要证明 A 是 B 的充分条件, 又是必要条件, 证明 B 是必要条件, 即证明若 A 则 B, 通常表示为 $\Rightarrow$ (即 $A \Rightarrow B$) 证明 B 是充分条件, 即证明若不 A 则不 B, 等价于若 B 则 A, 通常表示为 $\Leftarrow$ (即 $A \Leftarrow B$).

证明   ($\Rightarrow$) 设 $a_1a_2a_3$ 是 9 的倍数, 即存在自然数 k 使 $a_1a_2a_3 = 9k$, 因

$$a_1a_2a_3 = a_1 \times 100 + a_2 \times 10 + a_3 = a_1 \times (11 \times 9 + 1) + a_2(9 + 1) + a_3$$
$$= (a_1 \times 11 + a_2)9 + a_1 + a_2 + a_3 = 9k,$$

故有 $a_1 + a_2 + a_3 = [k - (a_1 \times 11 + a_2)]9$, 因 $k - (a_1 \times 11 + a_2)$ 是个自然数, 故

$a_1 + a_2 + a_3$ 是 9 的倍数.

($\Leftarrow$) 设 $a_1 + a_2 + a_3$ 是 9 的倍数, 即存在自然数 m 使 $a_1 + a_2 + a_3 = 9m$. 从而有

$$a_1 a_2 a_3 = a_1 \times 100 + a_2 \times 10 + a_3 = a_1 \times (11 \times 9 + 1) + a_2(9 + 1) + a_3$$
$$= (a_1 \times 11 + a_2)9 + a_1 + a_2 + a_3$$
$$= [(a_1 \times 11 + a_2) + m]9.$$

因 $(a_1 \times 11 + a_2) + m$ 是自然数, 故 $a_1 a_2 a_3$ 是 9 的倍数.

命题与集合有着密切的联系. 一个集合可以由满足某一命题 p 的元素来组成, 即

$$A = \left\{ x \,\middle|\, \text{命题 } p(x) \text{ 为真} \right\}.$$

例如, 在平面直角坐标系 xOy 中,

$$A = \{ P \,|\, d(P, O) = 1 \},$$

其中 $d(P, O)$ 表示点 P 与坐标原点 O 的距离, 上式给出的集合是单位圆.

值得注意的是, 并非每一个命题都可以确定一个集合, 例如, 集合

$$M = \{ A \,|\, A \text{ 是集合} \},$$

"A 是集合" 是一个命题, 但由这个命题无法确定集合 M, 换句话说, 集合 M 是不存在的, 即不是每一个命题都可以确定一个集合.

思考题　为什么集合 $M = \{ A \,|\, A \text{ 是集合} \}$ 不存在?

命题可分为简单命题与复合命题. 若一命题不再包含其他命题, 则称该命题是**简单命题**. 例如, "几何是数学的一个分支" 是一个简单命题. 若一命题是由两个或两个以上的简单命题 (称为支命题) 联结起来构成的命题, 则称该命题是**复合命题**. 复合命题有以下三种.

(1) 负命题　负命题是否定某种事物情况的命题. 例如: "并非数学是自然科学" 是一负命题.

负命题是由表示否定的联结词 ("并不是" 和 "并非" 等) 联结一个支命题构成的. 在上面的例子中, 支命题是 "数学是自然科学", 负命题则由 "'并非'+支命题" 构成.

由此例可见, 支命题是假命题, 而其负命题是真命题. 我们用 p 表示支命题, 用 $\neg p$ 表示负命题, 负命题 $\neg p$ 与命题 p 的真假具有如下的关系:

若 p 是真命题, 则 $\neg p$ 是假命题;

若 p 是假命题, 则 $\neg p$ 是真命题.

设集合 X, 称其为全集,

$$A = \{x \mid x \in X, p(x) \text{ 为真}\}.$$

记

$$-A = X - A = X - \{x \mid p(x) \text{ 为真}\}$$
$$= \{x \mid \neg p(x) \text{ 为真}\}.$$

(2) 联言命题　联言命题是断定两种或两种以上情况同时存在的命题. 例如, "平行四边形两组对边分别平行, 并且两组对角分别相等" 是联言命题.

联言命题是由联结词 ("并且" "不但 … 而且 … " 等) 联结两个或两个以上支命题构成的. 在上例中, 一个支命题是 "平行四边形两组对边分别平行", 另一支命题是 "平行四边形两组对角分别相等".

由此例可见, 第一个支命题 p 是真命题, 第二个支命题 q 也是真命题, 则联言命题 (记作 $p \wedge q$) 是真命题. 联言命题的真假与支命题的真假具有如下的关系:

$$p \wedge q \text{ 是真命题} \Leftrightarrow p \text{ 是真命题且 } q \text{ 是真命题},$$

$$p \wedge q \text{ 是假命题} \Leftrightarrow p \text{ 与 } q \text{ 至少其一是假命题}.$$

设集合 A 与 B 分别为

$$A = \{x \mid p(x) \text{ 为真}\}, \quad B = \{x \mid q(x) \text{ 为真}\},$$

则有

$$A \cap B = \{x \mid x \in A \text{ 且 } x \in B\}$$
$$= \{x \mid p(x) \text{ 为真且 } q(x) \text{ 为真}\}$$
$$= \{x \mid (p \wedge q)(x) \text{ 为真}\}.$$

例 2　$p(M){:}M$ 点在单位圆上; $q(M)$: M 点在直线 $y = x$ 上, 求 $(p \wedge q)(M)$ 为真的 M 点.

解　记

$$A = \{M \mid M \text{ 点在单位圆上}\},$$

$$B = \{M \mid M \text{ 点在直线 } y = x \text{ 上}\},$$

$$A \cap B = \{M \mid M \text{ 点在单位圆上且在直线 } y = x \text{ 上}\}$$

$$= \left\{M_1\left(-\frac{\sqrt{2}}{2}, -\frac{\sqrt{2}}{2}\right), M_2\left(\frac{\sqrt{2}}{2}, \frac{\sqrt{2}}{2}\right)\right\},$$

即 M_1 点与 M_2 点既在单位圆上, 又在直线 $y = x$ 上.

(3) 选言命题 选言命题是断定两种或两种以上情况中至少有一种情况存在的命题. 例如, "正整数 n 是奇数或者是偶数" 是选言命题.

选言命题由联结词 ("或者" "要么 $\cdots$, 要么 $\cdots$" 等) 联结两个或两个以上支命题构成. 在上例中, 一个支命题是 "正整数 n 是奇数", 另一个支命题是 "正整数 n 是偶数".

由此例可见, 第一个支命题 p 与第二个支命题 q 至少有一个是真命题, 则选言命题 (记作 $p \lor q$) 是真命题, 选言命题的真假与支命题的真假关系为

$$p \lor q \text{ 是真命题} \Leftrightarrow p \text{ 与 } q \text{ 至少其一是真命题},$$

$$p \lor q \text{ 是假命题} \Leftrightarrow p \text{ 是假命题且 } q \text{ 是假命题}.$$

进一步根据负命题与联言命题的讨论, 我们有

$$p \lor q \text{ 是假命题} \Leftrightarrow p \text{ 是假命题且 } q \text{ 是假命题}$$

$$\Leftrightarrow \neg p \text{ 是真命题且 } \neg q \text{ 是真命题}$$

$$\Leftrightarrow (\neg p) \land (\neg p) \text{ 是真命题},$$

即

$$\neg(p \lor q) \text{ 是真命题} \Leftrightarrow (\neg p) \land (\neg q) \text{ 是真命题}.$$

例如, 已知 a 是自然数, 命题 p: "a 是偶数"; 命题 q: "a 是素数"; $\neg p$: "a 不是偶数"; $\neg q$: "a 不是素数".

$\neg(p \lor q)$: "'a 是偶数或 a 是素数' 是不真的".

$(\neg p) \land (\neg q)$: "a 不是偶数且 a 不是素数".

可见命题 $\neg(p \lor q)$ 与 $(\neg p) \land (\neg q)$ 同为真假.

设集合 A, B 分别为

$$A = \{x \mid p(x) \text{ 为真}\}, \quad B = \{x \mid q(x) \text{ 为真}\},$$

则有

$$A \cup B = \{x \mid x \in A \text{ 或 } x \in B\}$$
$$= \{x \mid p(x) \text{ 为真或 } q(x) \text{ 为真}\}$$
$$= \{x \mid (p \vee q)(x) \text{ 为真}\}.$$

例 3

$$p(M): \text{点 } M \text{ 到点 } O \text{ 的距离 } d(M, O) = 1,$$
$$q(M): \text{点 } M \text{ 到点 } O \text{ 的距离 } d(M, O) < 1,$$

求 $(p \vee q)(M)$ 为真命题的 M.

解 令

$$A = \{M \mid d(M, O) = 1\},$$
$$B = \{M \mid d(M, O) < 1\},$$

则

$$A \cup B = \{M \mid d(M, O) = 1 \text{ 或 } d(M, O) < 1\}$$
$$= \{M \mid d(M, O) \leqslant 1\}.$$

即点 M 在含圆周的闭单位圆盘上.

对于选言命题, 可以考虑两个以上支命题的情形, 我们给出如下的例子.

例 4 设

$$S_0 = \{3, 6, 9, 12, \cdots, 3n, \cdots\},$$
$$S_1 = \{1, 4, 7, 10, \cdots, 3n+1, \cdots\},$$
$$S_2 = \{2, 5, 8, 11, \cdots, 3n+2, \cdots\},$$

给出如下的支命题:

$$p_i(k): \text{正整数 } k, k \in S_i, i = 0, 1, 2,$$

则

$$(p_0 \vee p_1 \vee p_2)(k): \text{正整数 } k, \text{ 或 } k \in S_0, \text{ 或 } k \in S_1 \text{ 或 } k \in S_2.$$

(三) 推理原则

推理是思维形式的一种. 我们可以给推理如下的定义.

推理是从一个或几个命题出发, 获得新的命题的思维形式.

既然推理是一种思维形式, 人们就必须遵循着一定的规律来思考, 才能正确地反映现实, 才能掌握科学真理. 正确的思维规律, 早在公元前 4 世纪的时候, 就已经有古希腊哲学家亚里士多德规定下来, 它们是同一律、矛盾律和排中律. 后来, 在 17 世纪, 莱布尼茨又增加了一条充足理由律.

1. 同一律

同一律的形式是 "a 是 a". 它的含义是: **在推理的过程中, 每个概念都应该在同一的意义上来使用**. 违反同一律的错误, 叫做**偷换概念**.

学生在数学学习中, 也常常会出现违反同一律的错误. 看下面的例子.

例 5　当 $x = ay$ 时, 我们有

$$x^n - a^n = a^n (y^n - 1)$$

与

$$a^{n-1}(x - a) = a^n (y - 1).$$

因为 n 为任意自然数, 二项式 $y^n - 1$ 都可被 $y - 1$ 整除, 故 $a^n (y^n - 1)$ 能够被 $a^n (y - 1)$ 整除. 由此得: $x^n - a^n$ 对于任意的整数 n 与整数 x 的值, 都能被 $a^{n-1}(x - a)$ 的值整除. 结论对否?

解　让我们选取特殊的值来检验. 选取 $x = 3, a = 2, n = 3$, 我们有 $x^n - a^n = 19, a^{n-1}(x - a) = 4$, 很明显, 19 不能被 4 整除.

辨析　为什么结论是否定的呢? 在例 5 中出现了两个整除. 一个是多项式的整除, 一个是整数的整除. 这两个整除的含义是不一样的. 在这个例子中偷换了概念.

2. 矛盾律

矛盾律的形式是 "a 不是非 a", 它的含义是: **同一对象, 在同一时间内和同一关系下, 不能具有两种相互矛盾的性质**. 若违反了矛盾律, 则称之为自相矛盾.

在数学上, 我们常使用反证法. 即假设欲证明的结论不对, 找到一个自相矛盾的性质, 从而得到欲证明的结论.

例 6　证明 $\sqrt{2}$ 是无理数.

证明　使用反证法. 假设 $\sqrt{2}$ 是有理数, 则 $\sqrt{2} = \dfrac{n}{m}$, 其中, $\dfrac{n}{m}$ 是最简分数, 从而有 $\left(\dfrac{n}{m}\right)^2 = 2$, 即 $n^2 = 2m^2$, 且等式两端是偶数, 从而 n 是偶数. 设 $n = 2k$ 并代入上式, 得 $2k^2 = m^2$. 进而我们得 m 是偶数. 这与 $\dfrac{n}{m}$ 是最简分数是矛盾的, 故 $\sqrt{2}$ 是无理数.

辨析　在例 6 中, 若假设 $\sqrt{2}$ 是有理数 $\dfrac{n}{m}$, 我们假设其是最简分数 (这个假设是可实现的), 又推得 $\dfrac{n}{m}$ 不是最简分数 (与假设相矛盾), 这违反了矛盾律.

3. 排中律

排中律的形式是 "或者是 a, 或者是非 a". 它的含义是: **同一对象在同一时间内和同一关系下, 或者是具有某种性质, 或者是不具有某种性质, 二者必居其一, 不能有第三种性质.**

排中律是处理肯定判断与否定判断之间的关系的一个规律. 它告诉我们对于同一对象在同一时间内和同一关系下, 所做的①单称肯定判断和单称否定判断; 或者②全称肯定判断和特称否定判断; 或者③全称否定判断和特称肯定判断, 不可能都是正确的, 但也不可能都是错误的. 二者中有且仅有其一是正确的.

例 7　考虑以下命题:

$\sqrt{2}$ 是有理数; (单称肯定判断)

$\sqrt{2}$ 不是有理数; (单称否定判断)

凡直角皆相等; (全称肯定判断)

某些直角不相等; (特称否定判断)

所有单调递增数列都不收敛; (全称否定判断)

有些单调递增数列收敛. (特称肯定判断)

评论 5　排中律与矛盾律的基本作用是相同的, 即都是排除思维过程中的矛盾. 但它们是有区别的. 其差异之处是: 矛盾律所处理的矛盾是**对比性**的矛盾, 排中律所处理的矛盾是**对立性**的矛盾. 对比性的矛盾与对立性的矛盾举例如下:

对比性矛盾: "a 是偶数" 与 "a 是素数";

对立性矛盾: "a 是偶数" 与 "a 是非偶数".

由上面的讨论知: 根据排中律, 对于两个对立性的矛盾判断, 不但可以由一个是真的, 可以判断另一个是假的; 反之, 也可由一个判断是假的, 可以确信地断言另一个判断是真的. 矛盾律就不具有这种性质. 根据矛盾律, 两个对比性的矛盾判断, 只能从一个判断是真的, 断定另一个判断是假的; 却不能从一个判断是假的而断言另一个判断是真的.

4. 充足理由律

充足理由律的形式是 "所以有 b, 是因为有 a". 它的含义是: **特定事物之所以具有某种特性, 是因为它有着现实的根据, 为一定的先行于它的条件所决定**.

以下几类可以作为判断根据的充足理由.

(1) **明显的事实**　如 "连接空间两点的连线中, 线段长度最短" "两条相交直线确定了一个平面" 等等的判断, 是摆在人们面前的事实, 大家都承认, 已不需要任何别的理由来证明. 相反地, 却可以引用它们来做别的判断的根据.

(2) **公理**　公理就是不加证明而公认为正确的命题. 如 "等量加等量, 其和相等" 和 "平面上过两点可以做且仅能做一条直线" 等的判断, 都是不需要证明的. 实际上, 这些命题是原始命题, 也不可能根据别的理由来加以逻辑上的证明. 但是, 它们的真实性已经在人类的实践中被检验无数次, 因而是不可怀疑的.

(3) **既得的规律、原理和学说**　在各种科学中, 特别在数学中, 我们经常凭借大道理推出的小道理、已被证实的定理、按照法则推得的新命题. 例如, "三角形三内角和是 180 度" 就可以作为判断新命题真伪的依据.

5.2　归纳推理与演绎推理

数学内容的表达方式是定义与定理. 定义给出了数学的概念, 定理建立了概念与概念之间的关系. 这些定理是在人们承认的一些公理的基础上, 通过演绎推理而不断发展新的命题. 数学就是以这种方式建立起来的一门演绎学科. 在这门学科发展的过程中, 推理起到了决定性的作用. 只要推理的前提与推理过程是正确的, 所得新的命题就是正确的. 没有正确的推理过程, 就没有今天的数学学科.

就逻辑学而言, 推理的模式主要有两种, 即归纳推理和演绎推理.

(一) 什么是归纳推理与演绎推理

归纳推理与演绎推理相互依存, 但就数学结果的获得而言, 还是有着本质的区别. 在一般情况下, 人们是借助归纳推理 "猜测" 数学结果, 借助演绎推理 "验证" 数学结果. 因此, 就推理的功能而言, "猜测" 结果与 "推测" 原因这两种过程依赖的推理形式是归纳推理. 但数学毕竟不是实验科学, 而是演绎的科学, 因此数学结果的证实都必须由演绎推理来完成.

归纳推理与演绎推理

评论 1　归纳推理与演绎推理的作用不仅仅表现在数学学科中. 在自然科学, 甚至社会科学以及人们的日常生活中, 这两种推理的作用也是基本的. 爱因斯坦曾经说过: "西方科学的发展是以两个伟大的成就为基础, 那就是: 希腊哲学家发明的形式逻辑体系 (在欧几里得几何学中), 以及通过系统的实验发现有可能找出的因果关系 (在文艺复兴时期)." 爱因斯坦所说的两个伟大成就, 前者指的是演绎推理, 后者指的是归纳推理.

什么是归纳推理与演绎推理呢?

归纳推理是由个别性知识的前提推出一般性知识的结论的推理. 它的推理方向是由个别到一般. 它的推理形式为

$$S_1 \to P,$$
$$S_2 \to P,$$
$$\cdots\cdots$$
$$S_n \to P,$$

所以

$$凡\ S \to P.$$

演绎推理是按照某些法则所进行的, 前提与结论之间有必然关系的推理.

它的推理方向是由一般到个别. 它的推理形式之一为

$$大前提: 凡 S \to P.$$
$$小前提: s \in S.$$
$$结论: s \to P.$$

归纳推理与演绎推理既有区别又有联系. 归纳推理与演绎推理的区别表现在以下方面.

第一, 两者的推理方向不同. 归纳推理是由个别与特殊的知识概括出一般性的结论, 演绎推理是从一般性的原理、原则中推演出有关个别性的知识.

第二, 一般说来, 演绎推理的结论与前提的联系是必然的. 只要前提真实, 形式有效, 其结论必定可靠. 而归纳推理结论与前提的联系不一定是必然的.

归纳推理与演绎推理的联系表现在以下方面.

第一, 演绎推理离不开归纳推理.

演绎推理常常以一般性知识为前提, 然后推出特殊性的命题, 而一般性知识的形成常常是归纳的结果. 同时, 演绎推理的各种形式及其规则, 也是人们对思维活动进行归纳的产物. 所以, 若没有归纳推理, 就没有演绎推理, 演绎推理依赖于归纳推理.

第二, 归纳推理也离不开演绎推理.

首先, 归纳要以感性材料为基础, 而感性材料的获取需要通过观察与实验, 而观察与实验离不开理论指导, 即在观察与实验的过程中渗透着演绎推理.

其次, 有了感性材料之后, 对感性材料的归纳, 也必须以一般性知识作指导, 归纳什么, 怎么归纳, 要通过演绎推理来确定.

再次, 通过归纳推理得到一般性知识后, 又可以运用演绎推理更深刻地认识事物的本质, 从而验证和深化原有的一般性知识, 进一步提高归纳推理结论的可靠性. 所以, 没有演绎推理的进入, 归纳推理也无法进行.

(二) 归纳推理与演绎推理的例题

例 1 求 $1^4 + 2^4 + 3^4 + \cdots + n^4$ 关于 n 的数学表达式.

分析 (归纳推理过程, 从有限的观察探寻一般规律)

考察

$$f_1(n) = 1 + 2 + 3 + \cdots + n = \frac{1}{2}n(n+1) = \frac{1}{2}n^2 + \frac{1}{2}n,$$

$$f_2(n) = 1^2 + 2^2 + 3^2 + \cdots + n^2 = \frac{1}{6}n(n+1)(2n+1)$$

$$= \frac{1}{3}n^3 + \frac{1}{2}n^2 + \frac{1}{6}n,$$

$$f_3(n) = 1^3 + 2^3 + 3^3 + \cdots + n^3 = \frac{1}{4}n^2(n+1)^2$$

$$= \frac{1}{4}n^4 + \frac{1}{2}n^3 + \frac{1}{4}n^2.$$

在例 1 中, 我们要求 $f_4(n)$ 的表达式, 经观察 $f_1(n)$, $f_2(n)$, $f_3(n)$, 可推测 $f_4(n)$ 是一个关于 n 的 5 次多项式, 且首项是 $\dfrac{n^5}{5}$.

解　(演绎推理过程, 获得 $f_4(n)$ 表达式)

设

$$f_4(n) = a_0 n^5 + a_1 n^4 + a_2 n^3 + a_3 n^2 + a_4 n + a_5, \tag{1}$$

则有

$$n^4 = f_4(n) - f_4(n-1)$$

$$= a_0 n^5 + a_1 n^4 + a_2 n^3 + a_3 n^2 + a_4 n + a_5$$

$$- [a_0(n-1)^5 + a_1(n-1)^4 + a_2(n-1)^3 + a_3(n-1)^2 + a_4(n-1) + a_5],$$

整理得

$$n^4 = a_0 n^5 + a_1 n^4 + a_2 n^3 + a_3 n^2 + a_4 n$$

$$- \big\{ a_0[n^5 - 5n^4 + 10n^3 - 10n^2 + 5n - 1]$$

$$+ a_1[n^4 - 4n^3 + 6n^2 - 4n + 1]$$

$$+ a_2[n^3 - 3n^2 + 3n - 1]$$

$$+ a_3[n^2 - 2n + 1] + a_4(n-1) \big\}. \tag{2}$$

(2) 式两端是关于 n 的多项式, 两个多项式相等当且仅当对应系数相等, 即

(2) 式右端中, n^4 项的系数为 1, 其余各项系数为零, 所以我们得

$$\begin{cases} 1 = a_1 + 5a_0 - a_1, \\ 0 = a_2 - 10a_0 + 4a_1 - a_2, \\ 0 = a_3 + 10a_0 - 6a_1 + 3a_2 - a_3, \\ 0 = a_4 + 5a_0 + 4a_1 - 3a_2 + 2a_3 - a_4, \\ 0 = a_0 - a_1 + a_2 - a_3 + a_4. \end{cases}$$

我们解得

$$a_0 = \frac{1}{5}, \quad a_1 = \frac{1}{2}, \quad a_2 = \frac{1}{3}, \quad a_3 = 0, \quad a_4 = -\frac{1}{30},$$

$$f_4(n) = \frac{1}{5}n^5 + \frac{1}{2}n^4 + \frac{1}{3}n^3 - \frac{1}{30}n + a_5$$

$$= \frac{n}{30}(6n^4 + 15n^3 + 10n^2 - 1) + a_5.$$

注意到 $f_4(2) = 17$, 可得到 $a_5 = 0$, 即

$$f_4(n) = \frac{n}{30}(6n^4 + 15n^3 + 10n^2 - 1).$$

注 1　在此例中, 我们通过观察 $f_1(n)$, $f_2(n)$, $f_3(n)$ 的次数, 来选择 $f_4(n)$ 的次数, 其实, 也可以假定

$$f_4(n) = b_0 n^6 + b_1 n^5 + b_2 n^4 + b_3 n^3 + b_4 n^2 + b_5 n + b_6 \tag{3}$$

可以得到 $b_0 = 0$, 则 (3) 式转化成 (2) 式的形式, 但会增加很大的运算工作量.

还有一类推理也纳入了归纳推理, 即**类比推理**. **类比推理**是根据两个对象有一部分属性相同, 推出它们的其他属性也相类似的一种推理.

例 2　设 $a > 0, b > 0, p > 1, q > 1$ 且 $\frac{1}{p} + \frac{1}{q} = 1$, 则 $a \cdot b \leqslant \frac{1}{p}a^p + \frac{1}{q}b^q$.

分析　(类比推理过程, 即探讨条件与结果的可能关系)

首先讨论 p 与 q 为特殊值时结论是否成立, 即取 $p = q = 2$ 时, 是否有 $a \cdot b \leqslant \frac{1}{2}a^2 + \frac{1}{2}b^2$? 观察下面的图 5.2.1, 则有四边形面积 $S_{OACB} = a \cdot b$, 三角形面积 $S_{OAE} = \frac{1}{2}a^2$, 三角形面积 $S_{OBD} = \frac{1}{2}b^2$. 显然有

$$S_{OACB} \leqslant S_{OAE} + S_{OBD},$$

且 $S_{OACB} = S_{OAE} + S_{OBD}$ 当且仅当点 D 与点 E 重合, 此时, 点 D, E, C 为一点, 即当且仅当 $a = b$, 在这里, 起到重要作用的是直线 $y = f(x) = x$, 使得

$$\frac{1}{2}a^2 = \int_0^a f(x)\mathrm{d}x = \int_0^a x\mathrm{d}x,$$

$$\frac{1}{2}b^2 = \int_0^b f^{-1}(y)\mathrm{d}y = \int_0^b y\mathrm{d}y.$$

由此受到启发, 能否选择到合适的 $y = f(x)$ 得到要证的结果.

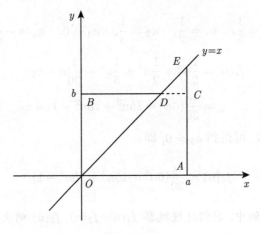

图 5.2.1

证明　(演绎推理过程, 即探讨条件与结论的必然关系)

设 $f(x) = x^{p-1}, x \in [0,a]$, 则 $f(x)$ 是 $[0,a]$ 上严格单调增加的函数, 该函数存在反函数 $f^{-1}(y) = y^{\frac{1}{p-1}}, y \in [0,b]$, 如图 5.2.2, 则有

$$ab \leqslant \int_0^a f(x)\mathrm{d}x + \int_0^b f^{-1}(y)\mathrm{d}y$$

$$= \int_0^a x^{p-1}\mathrm{d}x + \int_0^b y^{\frac{1}{p-1}}\mathrm{d}y$$

$$= \frac{1}{p}x^p \big|_0^a + \frac{1}{1 + \frac{1}{p-1}}y^{1+\frac{1}{p-1}} \big|_0^b$$

$$= \frac{1}{p}a^p + \frac{p-1}{p}b^{\frac{p}{p-1}}.$$

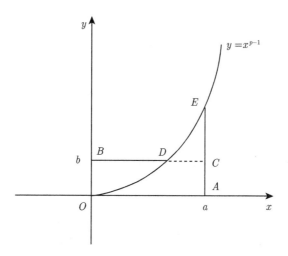

图 5.2.2

令 $q = \dfrac{p}{p-1}$, 则 $\dfrac{1}{p} + \dfrac{1}{q} = \dfrac{1}{p} + \dfrac{p-1}{p} = 1$, 故

$$ab \leqslant \frac{1}{p}a^p + \frac{1}{q}b^q.$$

由图 5.2.2 可见, 四边形面积 S_{OACB} 与两个曲边三角形面积 S_{OAE}, S_{OBD} 有关系

$$S_{OACB} \leqslant S_{OAE} + S_{OBD},$$

其中等式成立当且仅当点 D 与点 E 重合 (此时点 D, E, C 为一点), 即当且仅当 $b = a^{p-1}$ 时, $ab = a^p$.

$$
\begin{aligned}
\frac{1}{p}a^p + \frac{1}{q}b^q &= \frac{1}{p}a^p + \frac{1}{q}a^{(p-1)q} \\
&= \frac{1}{p}a^p + \frac{1}{q}a^{(p-1)\cdot \frac{p}{p-1}} \\
&= \left(\frac{1}{p} + \frac{1}{q}\right)a^p = a^p,
\end{aligned}
$$

即结论中的等号成立.

注 2　在证明过程中, 我们选择 $f(x) = x^{p-1}$, 是因为如此选择 $f(x)$, 使得 $\displaystyle\int_0^a f(x)\mathrm{d}x = \frac{1}{p}a^p$.

评论 2　在例 2 中, 这是一个在证明上有一定难度的不等式, 但是, 它的特殊情形 $(p = q = 2)$ 却是一个中学生都会证明的基本不等式, 利用类比推理就是要把特殊情形的解决方法推广到一般情形, 从例 2 的证明中, 我们选取 $f(x) = x^{p-1}$, 当 $p = 2$ 时, $f(x) = x$ 正是在特殊情形中使用的曲线 (此时是直线). 从例 2 的完整解决过程中, 我们看到: 在类比推理的过程中, 不仅有结果的类比, 也有方法的类比. 在不同的问题中, 得到一些问题的解决方法, 是非常有意义的.

(三) 归纳推理与演绎推理的再认识

通过上面的两个例子, 我们对归纳推理与演绎推理有进一步的认识:

在归纳推理过程中, 我们研究的对象不是一个, 是一类. 是从一类中发现一般规律. 在例 1 中, 我们研究多项式的次数. 为此我们观察 $f_1(n), f_2(n), f_3(n)$ 的次数, 依次来猜测 $f_4(n)$ 的次数. 在例 2 中, 我们研究不等式, $p \in (1, +\infty)$, 我们是观察了一些特殊 p 值 $(p = 2)$ 的处理方法, 而将其推广到任意 p 值去处理.

归纳推理不能得到结论的必然性, 但我们关心的是如何进行归纳推理提高其结论的可靠性.

对于演绎推理, 我们关心的是推理的正确性与推理的有效性. 推理的目的在于获得正确的结论, 以获得新的知识. 正确的推理就是结论必然真实的推理.

为了确保运用推理获得正确的结论, 在数学上必须同时满足两个条件

第一, 前提真实;

第二, 推理有效.

若前提不正确, 所得结论将是错误的, 甚至是矛盾的.

例 3   对于任意给定的序 $<, 0 < i(i^2 = -1)$ 是不对的.

分析   假设 $0 < i$, 这就是一个不真实的前提, 在有效的推理之后, 得到了矛盾.

证明   假设 $0 < i$, 根据正数对乘法的保序性 (推理规则) 有

$$0 < i^2 = -1,$$

根据加法的保序性 (推理规则), 有

$$1 = 1 + 0 < (-1) + 1 = 0,$$

即有

$$1 < 0.$$

根据已经得到的 $0 < -1$ 和正数对乘法的保序性 (推理规则), 有

$$-1 = 1 \times (-1) < 0 \times (-1) = 0,$$

即 $-1 < 0$, 这与 $0 < -1$ 矛盾, 矛盾表明前提是不真实的.

在数学中, 前提条件是需要检验的.

例 4　证明: 对于任意的自然数 n, 有

$$1 + 2 + 3 + \cdots + n = \frac{1}{2}(n^2 + n + 2).$$

证明　对于自然数 k, 假设

$$1 + 2 + 3 + \cdots + k = \frac{1}{2}(k^2 + k + 2), \tag{4}$$

对于 $n = k + 1$, 有

$$1 + 2 + 3 + \cdots + k + (k + 1)$$

$$= \frac{1}{2}(k^2 + k + 2) + (k + 1)$$

$$= \frac{1}{2}(k^2 + k + 2 + 2k + 2)$$

$$= \frac{1}{2}[(k + 1)^2 + (k + 1) + 2].$$

所以结论正确.

事实上, 例 4 的结论是错的, 尽管上述推导没有错误, 但做了错误的假设 (4) 式, 事实上, 当 $k = 2$ 时, 左端 $= 1 + 2 = 3$, 右端 $= \frac{1}{2}(2^2 + 2 + 2) = 4$, 左端 $\neq$ 右端, 故前提条件是要验证的.

与前提条件真实性同样重要的, 就是推理的有效性.

推理的有效与否, 不是就推理的内容和意义而言的, 而是就推理的形式结构而言的. 因此, 推理的有效性, 也就是推理形式的有效性, 即前提与结论的联系方式合乎推理规则.

在逻辑学中, 制定了演绎推理的有关规则, 从而形成了对于推理和机械性判定方法. 违反了推理规则一定是无效的推理. 换言之, 一个有效的推理, 当且仅当符合该种推理的规则.

5.3　演绎推理的形式结构

演绎推理的形式结构

　　因数学证明的完成必须使用演绎推理, 因此, 在这一节中, 我们专门讨论演绎推理的形式结构. 演绎推理的基本方法是三段论法. 本节主要讨论三段论法的有关问题.

(一) 三段论法的定义与结构

　　三段论法就是从两个命题 (其中一个一定是全称命题) 得出第三个命题的一种推理方法.

　　例 1　凡同边数正多边形都是相似的. 两个正三角形是正多边形. 所以两个正三角形是相似的.

　　在这个例子中, 有三个命题, 第一个命题提供了一般的原理与原则, 称之为三段论式的**大前提**(是全称命题); 第二个命题指出了一个特殊的情况, 叫做**小前提**; 联合这两个命题, 并利用一般原理与特殊情况的联系, 因而得到第三个命题, 叫做**结论**.

　　在三段论式中包含三个判断句, 每个判断句又包含两个名词. 共计六个名词. 而每一个名词都重复出现了两次, 故实际上只有三个名词. 根据概念外延的大小, 我们称外延大的概念为**大词**(相似), 称外延居中的概念为**中词**(正多边形), 称外延小的概念为**小词**(正三角形), 分别记为 P, M, S.

　　三段论是我们习惯的、自然的一种思维形式, 因为它是事物通常关系的反映. 让我们看一个浅显明了的例子.

　　如果铅笔 (S) 在文具盒 (M) 里, 而文具盒 (M) 在书包 (P) 里, 则铅笔 (S) 在书包 (P) 里;

　　如果铅笔 (S) 在文具盒 (M) 里, 文具盒 (M) 不在书包 (P) 里, 则铅笔 (S) 不在书包 (P) 里;

　　如果文具盒 (M) 在书包 (P) 里, 铅笔 (S) 不在书包 (P) 里, 则铅笔 (S) 不在文具盒 (M) 里.

这三种情形结论都是确定的.

例 2 若正整数 n 是 9 的倍数, 则 n 是 3 的倍数.

证明 设 $M = \{n \,|\, n = 9k, k \in \mathbf{N}\}$, $L = \{n \,|\, n = 3k, k \in \mathbf{N}\}$.

先来说明 $M \subset L$. 事实上, 任取 $n_0 \in M$ 则 $n_0 = 9k = 3(3k_0) = 3k_1$, 其中 $k_1 = 3k_0 \in \mathbf{N}$, 故 $n_0 \in L$, 即 $M \subset L$.

对于 $n \in M \subset L$. 故 $n \in L$. 即 n 是 3 的倍数.

例 3 证明: 方程 $x^4 - 2 = 0$ 在复平面单位圆内无解.

分析 *该方程在复平面上有 4 个根, 分布在圆心原点, 半径为 $r = 2^{\frac{1}{4}}$ 的圆周上.*

证明 记 $S = \left\{ x \in \mathbf{C} \,\middle|\, x^4 - 2 = 0 \right\}$, $M = \left\{ x \in \mathbf{C} \,\middle|\, |x| \geqslant 2^{\frac{1}{4}} \right\}$, $L = \left\{ x \in \mathbf{C} \,\middle|\, |x| \leqslant 1 \right\}$, 因为 $S \subset M$ 且 $L \subset \mathbf{C} - M$ (或 $L \subset \mathbf{C} \backslash M$), 故 $S \cap L = \varnothing$. 因此 $x^2 - 2 = 0$ 在 L 中无解.

(二) 三段论法的公理

客观世界的对象间的这种既简单又普通, 它以公理的形式固定在我们意识中. 这个公理, 就是三段论推理的基础, 这个公理, 简单说就是**全体概括个体**. 具体地说:

公理 1   凡肯定 (或否定) 了某一类对象的全部, 也就肯定 (或否定) 了这一类对象的各部分或个体.

在三段论中, 若大前提与小前提都是正确的, 则结论一定是正确的, 若结论的命题不成立, 这表明条件命题 (通常是小前提的条件命题) 是不成立的.

例 4 如果所有平行四边形的对角线互相平分 (肯定的是平行四边形的全部) 是正确的, 那么矩形的对角线互相平分 (肯定的平行四边形的一部分) 也是正确的.

公理 1 是从外延的角度给出的公理, 下面的公理是从内涵的角度给出的.

公理 2   一类事物的属性, 也是其中具体事物的属性.

仍用上面的例子. 所有的平行四边形 (M) 的对角线互相平分 (P), 矩形 (S) 都是平行四边形 (M), 所以矩形 (S) 的对角线互相平分 (P).

这里, P 是大类 M 的属性, S 在 M 中, 所以 P 是 S 的属性.

(三) 三段论法的格与式

三段论法的中词, 在大前提或小前提中均可做主词或宾词, 因此, 中词的位置可以有四种排列. 我们称这些排列为 "格". 这些格可表示为以下形式.

| 第一格 | 第二格 | 第三格 | 第四格 |

$$M\dashrightarrow P \qquad P\dashrightarrow M \qquad M\dashrightarrow P \qquad P\dashrightarrow M$$

$$S\longrightarrow M \qquad S\longrightarrow M \qquad M\dashrightarrow S \qquad M\longrightarrow S$$

$$\overline{\qquad\qquad} \qquad \overline{\qquad\qquad} \qquad \overline{\qquad\qquad} \qquad \overline{\qquad\qquad}$$

$$S\dashrightarrow P \qquad S\dashrightarrow P \qquad S\dashrightarrow P \qquad S\dashrightarrow P$$

对于不同的格, 推理的规则是不同的. 我们分别讨论如下.

第一格中词 (M) 在大前提中是主词, 在小提前中是宾词. 推理规则是: 大前提必须是全称的, 小前提必须是肯定的.

例 1 的三段论式属于第一格式. 我们试取小前提为**否定的命题**来看结果如何.

$$凡是 9 的倍数 (M) 都是 3 的倍数 (P),$$

$$15(S) 不是 9 的倍数 (M),$$

$$故 15(S) 不是 3 的倍数 (P).$$

这个推理是不正确的, 因为它违反了第一格小前提必须是肯定的规则.

第二格中词在两前提中均为宾词, 大前提必须是全称的, 有一个前提是否定的.

例 5   下面给出的是第二格的推理:

$$凡不是 3 的倍数 (P) 都不是 9 的倍数 (M),$$

$$18(S) 是 9 的倍数 (M),$$

$$故 18(S) 是 3 的倍数 (P).$$

这个推理是正确的, 与第二格的格式一致. 但是两个前提都是肯定的, 则结论不

真. 例如:

$$凡直角三角形(P)必有一条长边(M),$$

$$某三角形(S)有一条长边(M),$$

$$该三角形(S)是直角三角形(P).$$

这个推理是不正确的, 因为它违反了第二格的规则.

第三格中词在两前提中均为主词, 小前提必须是肯定的, 结论必须是特称的.

例 6 下面给出的是第三格的推论:

$$凡是 8 的倍数(M)是 2 的倍数(P),$$

$$8 的倍数(M)之一是16(S),$$

$$故16(S)是 2 的倍数(P).$$

这个推理是正确的, 与第三格的格式一致. 但是小前提是否定的, 则结论不真. 例如

$$所有正三角形(M)都是相似形(P),$$

$$所有正三角形(M)都不是直角三角形(S),$$

$$故所有直角三角形(S)都不是相似形(P).$$

这个推理是不正确的, 因为它违反了第三格的规则.

在我们的思维实践中, 很少运用第四格, 这里我们不对其多加讨论.

(四) 假言推理和选言推理

先来讨论假言推理.

假言推理 在三段论式中, 大前提是个假言判断, 小前提是一个定言判断, 这种论式叫做假言推理.

假言推理有两种形式如下:

	肯定式	否定式
前件:	若 S 为 P,则 s 为 p.	若 S 为 P,则 s 为 p.
后件:	而 S 为 P,故 s 为 p.	而 s 不为 p,则 S 不为 P.

在肯定式的假言推理中, 小前提肯定了前件, 我们可以由前件的肯定, 过渡到后件的肯定作为结论.

例 7　若两直线被一直线所截, 所成的同位角相等, 则此两直线平行. 而直线 a 与直线 b 被直线 c 所截, 所成的同位角相等, 故直线 a 与直线 b 平行.

在肯定式的假言推理中, 如果在前件中含有否定, 则小前提也应为否定, 这样才能在结论中肯定后件.

例 8　若一个数的数字之和不是 9 的倍数, 则此数不是 9 的倍数. 12345 的数字之和为 15, 不是 9 的倍数, 故 12345 不是 9 的倍数.

在否定式的假言推理中, 小前提否定了后件, 我们可以由后件的否定, 过渡到前件的否定作为结论.

例 9　若两直线被一直线所截, 所成的同位角相等, 则此两直线平行. 而直线 a 与直线 b 被直线 c 所截, 所成的同位角不相等, 故直线 a 与直线 b 不平行.

在否定式的假言推理中, 若后件含有否定, 则小前提就应该为肯定 (即否定之否定), 这样才能在结论中否定前件.

例 10　若某数能作为除数, 则此数必不为 0. 0 不能作为除数.

通过上面的讨论, 我们可以总结如下.

在假言推理中要得到确实可靠的结论, 必须遵守下面的两条规则:

(1) 按照肯定式, 从肯定前件, 得到肯定后件的结论;

(2) 按照否定式, 从否定后件, 得到否定前件的结论.

在数学命题的推理过程中不仅要使用假言推理的方法, 也经常要使用选言推理的方法.

选言推理　在三段论式中, 大前提是选言判断, 小前提是定言判断, 这种论式叫做选言推理.

选言推理有如下两种形式:

肯定式	否定式
s 或是 p, 或是 q, 或是 r.	s 或是 p, 或是 q, 或是 r.
若 s 不是 p, 也不是 q, 则是 r.	若 s 是 p, 则不是 q, 也不是 r.

例 11　实数 a 与实数 b 的大小关系是: 或 a 小于 b, 或 a 大于 b, 或 a 等于 b. 因 3 不大于 4, 且 3 不等于 4, 故 3 小于 4. (肯定式的推理)

例 12 实数 a 与实数 b 的大小关系是: 或 a 小于 b, 或 a 大于 b, 或 a 等于 b. 因 3 小于 4, 故 3 不大于 4, 且 3 不等于 4. (否定式的推理)

使用选言推理时, 必须遵守下面的规则, 才能获得可靠的结论.

(1) 大前提的宾词是相互排斥的.

(2) 大前提的宾词包括了所有的情形.

5.4 公理化方法

公理化方法是人们在研究某一类数学问题时, 总结出若干最基本的命题作为承认的事实, 在此基础上使用演绎推理, 获得新的数学命题, 形成一个知识体系. 这些基本的命题, 我们称其为**公理体系**.

在本节中, 我们以三角函数为例, 建构三角函数的公理体系, 并在此基础上, 得到三角函数的一些性质.

定义 5.4.1 若函数 $s(x), c(x)$ 满足如下的条件.

(1°) 在全体实数集 $\mathbf{R}$ 上有定义;

(2°) 满足函数方程: $\forall x, y \in \mathbf{R}$, $c(x - y) = c(x)c(y) + s(x)s(y)$;

(3°) 存在实数 $\lambda > 0$, 使得当 $x \in (0, \lambda)$ 时, 有 $c(x) > 0, s(x) > 0$;

(4°) $c(0) = s(\lambda) = 1$.

则分别称 $s(x), c(x)$ 为**正弦函数**与**余弦函数**.

我们自然会提出如下的两个问题. 其一, 是否有函数满足定义 5.4.1 中的条件 (1°)—(4°)? 其二, 若存在函数组 $\{s(x), c(x)\}$ 满足条件 (1°)—(4°), 那么, 这样的函数组有多少?

事实上, 对于 $\lambda > 0, s(x) = \sin\dfrac{\pi}{2\lambda}x$, $c(x) = \cos\dfrac{\pi}{2\lambda}x$ 就可以满足定义 5.4.1 中的条件 (1°)—(4°).

第二个问题的答案是: 这样的函数组是唯一的 (读者可参见《现代数学与中学数学》).

下面我们将推导正弦函数与余弦函数所具有的初等性质.

命题 5.4.1 $s(x)$ 与 $c(x)$ 在实数集 $\mathbf{R}$ 上满足恒等式

$$s^2(x) + c^2(x) = 1. \tag{1}$$

证明   在条件 $(2°)$ 中取 $y = x$, 且根据 $c(0) = 1$, 即得此命题结论.

推论 5.4.1 $s(x)$ 与 $c(x)$ 是 $\mathbf{R}$ 上的有界函数.

事实上, 由 (1) 式知, $\forall x \in \mathbf{R}$, $|s(x)| \leqslant 1, |c(x)| \leqslant 1$.

推论 5.4.2 $s(0) = c(\lambda) = 0$.

事实上由条件 $(4°)$ 与 (1) 即可得此结论.

命题 5.4.2   对于 $x \in \mathbf{R}$, 有

$$c(\lambda - x) = s(x), \quad s(\lambda - x) = c(x). \tag{2}$$

证明   在条件 $(2°)$ 中, 用 λ 代替 x, 用 x 代替 y 并根据推论 5.4.2, 得

$$c(\lambda - x) = c(\lambda)c(x) + s(\lambda)s(x) = s(x),$$

在上式中, 以 $\lambda - x$ 代替 x, 即得 $s(\lambda - x) = c(x)$.

命题 5.4.3   对于 $s(x)$, 加法公式成立:

$$s(x + y) = s(x)c(y) + c(x)s(y). \tag{3}$$

证明   由命题 5.4.2, 有

$$\begin{aligned}
s(x + y) &= c[\lambda - (x + y)] = c[(\lambda - x) - y] \\
&= c(\lambda - x)c(y) + s(\lambda - x)s(y) \\
&= s(x)c(y) + c(x)s(y).
\end{aligned}$$

命题 5.4.4 $s(x)$ 是奇函数, $c(x)$ 是偶函数.

证明   在条件 $(2°)$ 中, 令 $x = 0$, 得

$$c(-y) = c(0)c(y) + s(0)s(y) = c(y),$$

即 $c(x)$ 是偶函数, 在 (3) 式中, 令 $y = -x$, 得

$$\begin{aligned}
0 = s(x - x) &= s(x)c(-x) + c(x)s(-x) \\
&= c(x)[s(x) + s(-x)].
\end{aligned} \tag{4}$$

分两种情形来讨论:

情形一 $c(x) \neq 0$, 则由 (4) 得

$$s(x) = -s(-x).$$

情形二 若 $c(x) = 0$, 令 $y \in (0, \lambda)$, 注意到 $c(-x) = c(x) = 0$, 得

$$
\begin{aligned}
c(x + y) &= c(x - (-y)) \\
&= c(x)c(-y) + s(x)s(-y) \\
&= s(x)s(-y)
\end{aligned}
\tag{5}
$$

与

$$
\begin{aligned}
c(y + x) &= c(y - (-x)) \\
&= c(y)c(-x) + s(y)s(-x) \\
&= s(y)s(-x).
\end{aligned}
\tag{6}
$$

由条件 $(3°)$, $c(y) > 0, s(y) > 0$, 由情形一知 $s(y) = -s(-y)$, 由 (5) 与 (6) 知

$$-s(x)s(y) = s(y)s(-x).$$

因 $s(y) > 0$, 故有 $-s(x) = s(-x)$.

总括情形一与情形二, $s(x)$ 是奇函数.

命题 5.4.5 如下的加法公式成立:

$$c(x + y) = c(x)c(y) - s(x)s(y), \tag{7}$$

$$s(x - y) = s(x)c(y) - s(y)c(x). \tag{8}$$

证明 由条件 $(2°)$, 命题 5.4.3 与命题 5.4.4, 即可得该命题的结论.

命题 5.4.6 有如下的积化和差、和差化积、倍自变量、半自变量公式成立:

$$
\begin{cases}
c(x)c(y) = \dfrac{1}{2}[c(x + y) + c(x - y)], \\[2mm]
s(x)s(y) = \dfrac{1}{2}[c(x - y) - c(x + y)], \\[2mm]
c(x)s(y) = \dfrac{1}{2}[s(x + y) - s(x - y)];
\end{cases}
\tag{9}
$$

$$\begin{cases} c(x) + c(y) = 2c\left(\dfrac{x+y}{2}\right)c\left(\dfrac{x-y}{2}\right), \\[2mm] c(x) - c(y) = -2s\left(\dfrac{x+y}{2}\right)s\left(\dfrac{x-y}{2}\right), \\[2mm] s(x) + s(y) = 2s\left(\dfrac{x+y}{2}\right)c\left(\dfrac{x-y}{2}\right), \\[2mm] s(x) - s(y) = 2c\left(\dfrac{x+y}{2}\right)s\left(\dfrac{x-y}{2}\right); \end{cases} \tag{10}$$

$$s(2x) = 2s(x)c(x), \quad c(2x) = c^2(x) - s^2(x); \tag{11}$$

$$c\left(\frac{x}{2}\right) = \pm\left(\frac{1}{2}(1 + c(x))\right)^{\frac{1}{2}},$$

$$s\left(\frac{x}{2}\right) = \pm\left(\frac{1}{2}(1 - c(x))\right)^{\frac{1}{2}}. \tag{12}$$

证明　参见《现代数学与中学数学》.

命题 5.4.7　如下的简化公式成立:

$$\begin{cases} c(x + \lambda) = -s(x), s(x + \lambda) = c(x), \\[1mm] c(x + 2\lambda) = -c(x), s(x + 2\lambda) = -s(x), \\[1mm] c(x + 3\lambda) = s(x), s(x + 3\lambda) = -c(x), \\[1mm] c(x + 4\lambda) = c(x), s(x + 4\lambda) = s(x). \end{cases} \tag{13}$$

证明　参见《现代数学与中学数学》.

推论 5.4.3　$s(x)$ 与 $c(x)$ 是周期函数, 4λ 是一个周期.

命题 5.4.8　在开区间 $(0, 2\lambda)$ 内, $c(x)$ 是单调递减函数; 在开区间 $(2\lambda, 4\lambda)$ 内, $c(x)$ 是单调增加函数.

证明　参见《现代数学与中学数学》.

作为三角函数的公理, 可以取它们各种不同的性质作为基本 (表征) 性质. 换句话说, 可以用不同的公理系统作为三角函数理论的基础, 但这公理系统不能任意确定.

第一、表征性质系统不能有矛盾. 例如, 假定在条件 (1°)—(4°) 后, 再附加条件 (5°): $\lim\limits_{x \to \infty} c(x) = +\infty$, 则这一条件与由 (1°)—(4°) 推得的 $|c(x)| \leqslant 1$ 矛盾.

所以没有满足条件 (1°)—(5°) 的一对函数存在. 若能找到具体的函数满足给出的系统中的全体公理, 则表明公理系统无矛盾性.

第二、表征性质系统应当是完备的, 就是说它不应当被两组不同的函数所满足, 假设采用无矛盾的、但不完备的表征性质作为理论基础, 则除去三角函数外, 还可有另外的函数具有这些表征性质. 这样的公理系统不能构成三角学的充分的基础.

两组不同的表征性质的系统, 当借助于它们都能确定三角函数时, 应当是等价的.

设 A 与 B 是两组不同的公理系统, 若以系统 A 作为基础, 可以推出系统 B 内列出的全体表征性质; 反之以系统 B 作为基础, 可以推出系统 A 的全体表征性质, 则称**系统 A 与系统 B 等价.**

例 1 若将定义 5.1.1 中的表征性质 (2°) 改为 (2′): 对于 $x, y \in \mathbf{R}$, 下面的等式成立:

$$s(x + y) = s(x)c(y) + c(x)s(y),$$

则由 (1°), (2′), (3°), (4°) 作为表征性质系统是不完备的.

事实上 (简单起见, 令 $\lambda = \dfrac{\pi}{2}$), $\{s_1(x) = \sin x, c_1(x) = \cos x\}$ 满足 (1°), (2′), (3°) 与 (4°). 同时,

$$s_2(x) = a^{x - \frac{\pi}{2}} \sin x, \quad c_2(x) = a^x \cos x, \quad a > 1,$$

也满足 (1°), (2′), (3°) 与 (4°). $\{s_2(x), c_2(x)\}$ 满足 (1°), (3°) 及 (4°) 是显然的, 下面指出, 它也满足 (2′).

$$\begin{aligned}
s_2(x + y) &= a^{x + y - \frac{\pi}{2}} \sin(x + y) \\
&= a^{x + y - \frac{\pi}{2}} \sin x \cos y + a^{x + y - \frac{\pi}{2}} \cos x \sin y \\
&= a^{x - \frac{\pi}{2}} \sin x \cdot a^y \cos y + a^x \cos x \cdot a^{y - \frac{\pi}{2}} \sin y \\
&= s_2(x)c_2(y) + c_2(x)s_2(y).
\end{aligned}$$

对于不同的 a, $\{s_2(x), c_2(x)\}$ 将取不同的值, 这表明有无数个函数组 $\{s(x), c(x)\}$ 满 (1°), (2′), (3°), (4°). 故满足 (1°), (2′), (3°), (4°) 作为表征性质系统是不完备的.

请 您 思 考

A 组

1. 什么是概念? 给出概念的方式有几种?

2. 有没有不加定义的概念? 若有, 请举例.

3. 什么是命题? 数学的命题有几种?

4. 对于给出的命题, 它的逆命题、否命题、逆否命题之间的真假关系如何?

5. 一个命题与它的负命题的真假关系如何?

6. 两个命题与它们的联言命题、选言命题真假关系如何?

7. 推理的四个原则是什么?

8. 什么是演绎推理? 什么是归纳推理?

9. 演绎推理、归纳推理的推理形式是什么?

10. 什么是三段论法?

11. 三段论法的格与式是什么?

12. 三段论法的公理是什么?

B 组

1. 下列语句作为定义是否正确? 为什么?

(1) 电灯就是用来照明的发光器具.

(2) 中餐馆是中国人开办的餐馆.

(3) 音乐是流动的建筑, 建筑是凝固的音符.

(4) 远海是与近海相比较远的海域; 近海是比远海近的海域.

(5) 律师是从事律师事务的专业人员.

(6) 正方形是四个角都是直角的四边形.

2. 已知命题是: "若两个三角形全等, 则它们的面积相等. " 给出该命题的逆命题、否命题与逆否命题.

3. 证明: 一个命题的逆命题与否命题同为真或同为假.

4. 一个盒子里有 100 只红、黄、绿三种颜色的球. 甲说: "盒子里至少有一种颜色的球少于 33 只." 乙说: "盒子里至少有一种颜色的球少于 34 只." 丙说: "盒子里任意两种颜色的球的总和不多于 99 只." 谁的说法不正确?

5. 一个房间中, 一些人在聊天, 其中, 一个是沈阳人, 三个是南方人, 两个是广东人, 2 个是作曲家, 3 个是诗人. 假设以上的介绍涉及了房间中的所有人. 问房间中至少有几人? 最多有几人?

6. 已知甲容器中装有 10 升水, 乙容器装有 10 升酒精. 先从甲容器中提出 1 升水, 倒入乙容器中并搅拌均匀, 再从乙容器中提出 1 升混合液倒入甲容器中. 问甲容器中酒精的含量 x 与乙容器中水的含量 y 的数量关系是什么?

7. 有标号为 $1, 2, 3, 4$ 的 4 个体积相同, 但重量不同的球. 已知 1 号球与 2 号球的重量之和等于 3 号球与 4 号球的重量之和; 1 号球与 4 号球的重量之和大于 2 号球与 3 号球的重量之和; 2 号球的重量大于 1 号球与 3 号球的重量之和. 问这四个球的重量从轻到重的排序是什么?

数学漫谈　布尔巴基学派

在 20 世纪 30 年代法国数学工作者中, J. 迪厄多内, A. 韦伊, H. 嘉当等人, 不满足于法兰西数学界的现状, 他们深刻认识到了法国数学同世界先进水平的差距. 他们感觉到, 法国数学家在函数论方面仍然可以很出色, 但是在数学的其他方面, 人们就会忘掉法国的数学家了. 恰恰是这些有远见的青年人, 在法国科学全面落后的情况下, 使法国数学在第二次世界大战之后又能保持先进水平, 而且影响着整个现代数学的发展. 可以说, 当时打开这些年轻人通往外在世界的通道只有阿达马的讨论班. 阿达马是法兰西学院的教授, 他把他认为最重要的论著分配给打算在讨论班上做报告的人. 在当时这是件新鲜事, 但对青年人的提高大有好处. 在 1934 年阿达马退休之后, 茹利亚以稍稍不同的方式继续主持这个讨论班, 以更系统的方式去研究从所有方向上进来的伟大的思想. 这批年轻人决心像范德瓦尔登整理代数学那样, 从头来起, 把整个数学重新整理一遍, 以书的形式来概括现代数学的主要思想, 而这也正是布尔巴基学派及其主要著作《数学原理》产生的起源.

当时, 布尔巴基学派的大多数成员还不到 30 岁, 年纪稍大些的也不过才 30 出头. 布尔巴基学派的成员以高度的热情开始进行工作. 可是 20 世纪的数学已经发展到这样一个程度, 即每一位数学家都必须专业化. 也许只有少数像庞加莱和希尔伯特这样的大数学家才能掌握整个数学. 而对于普通的数学家, 要想对整个领域有一个全面的认识, 并能抓住各个分支的内在关系, 那是非常困难的. 为了达到原来的目标——对数学所有分支中的基本概念加以阐明, 然后在此基础上再集中于专门学科, 布尔巴基学派的成员应该对于他所听到的所有东西都有兴趣, 并且在一旦需要时, 能够写书中的一章. 因此他们必须从一开始就要忘掉自己的专业. 布尔巴基学派成员他们一年举行两三次集会, 一旦大家多多少少一致同意要写一本书或者一章论述某种专题, 起草的任务就交给布尔巴基学派中想要担任的人. 这样, 他就由一个相当泛泛的计划中开始写一章或几章的初稿. 一般来说, 他可以自由地筛选材料, 一两年之后, 将所完成的初稿提交大会, 然后一页不漏地大声宣读, 接受大家对每个证明的仔细审查, 并且受到无情的批评. 如果哪一位有见解的青年被注意到并被邀请参加布尔巴基学派的一次大会, 而且能经受住讨论会上 "火球般" 的攻击, 积极参加讨论, 就自然而然被吸收为新成员. 但如果他只是保持沉默, 下次决不会受到邀请. 布尔巴基学派的成员不定期更换, 年龄限制在 50 岁以下. 在讨论会上, 短兵相接的批判与反批判, 不受年龄的限制. 即在布尔巴基的成员面前, 没有人敢自夸自己是一贯正确的. 有时一个题目要几易作者, 第一个人的原稿被否定, 由第二个人重写, 下次大会上第二个人的原稿也许会被撕得粉碎, 再由第三个人重新开始. 从开始搞某一章到它成书在书店中发卖, 其间平均需要经历 8 到 12 年.

　　布尔巴基学派的成员力图把整个数学建立在集合论的基础上, 尽管这一开始就遭到了许多人的反对. 几十年上百年形成的代数几何学, 它那大大小小的众多成果, 能不能在抽象代数和拓扑的基础上构成一座严整的数学大厦, 这一问题就成了布尔巴基学派观点的试金石. 1935 年底, 布尔巴基学派的成员们一致同意以数学结构作为分类数学理论的基本原则. "数学结构" 的观念是布尔巴基学派的一大重要发明. 这一思想的来源是公理化方法, 布尔巴基学派采用这一方法, 反对将数学分为分析、几何、代数、数论的经典划分, 而要以同构概念对数学内部各基本学科进行分类. 他们认为全部数学基于三种母结构: 代数结构、序结构和拓扑结构. 所谓结构就是 "表示各种各样的概念的共同特征仅在于它们可以应用到各种元素的集合上. 而这些元素的性质并没有专门指定, 定义一个结构就是给出这些元素之间的一个或几个关系, 人们从给定的关系所满足的条件 (它们是结构的公理) 建立起某种给定结构的公理理论, 就等于只从结构的公理出发来推演这些公理的逻辑推论". 于是, 一个数学学科可能由几种结构混合而成, 同时每一类型结构中又有着不同的层次. 比如实数集就具有三种结构: 一种是由算术运算定义的代数结构; 一种是顺序结构; 最后一种就是根据极限概念构造的拓扑结构. 三种结构有机结合在一起, 比如李群是特殊的拓扑群, 是拓扑结构和群结构相互结合而成的. 因此, 数学的分类不再像过去那样划分成代数、数论、几何、分析等, 而是依据结构的相同与否来分类. 比如线性代数和初等几何研究的是同样一种结构, 也就说它们 "同构", 可以一起处理. 这样, 他们从一开始就打乱了经典数学世界的秩序, 以全新的观点来统一整个数学. 布尔巴基学派的主要著作是《数学原理》.

　　正如布尔巴基学派所言:"从现在起, 数学具有了几大类型的结构理论所提供的强有力的工具, 它用单一的观点支配着广大的领域, 它们原先处于完全杂乱无章的状况, 现在已经由公理化方法统一起来了.""由这种新观点出发, 数学结构就构成数学的唯一对象, 数学就表现为数学结构的仓库."

　　第二次世界大战前, 布尔巴基学派只完成了《数学原理》第 I 部分的第 I 卷《集合论》中的一个分册——《结果》. 这本还不到 50 页的小册子在 1939 年首次出版, 之后于 1940 年出版《一般拓扑学》的第一、第二章, 1942 年出版第三、第四章及《代数学》的第一章. 这四本书已经反映出布尔巴基精神, 而且是《数学原理》的基础. 《数学原理》的各分册都是按照严格的逻辑顺序来编排的. 在某一处用到的概念或结果, 一定都在以前各卷、各分册中出现过. 这种严格而精确的风格有其优点: 所有主要结果都清楚而确切地表述出来, 成为一个完美的体系. 所以, 布尔巴基学派的《数学原理》以它的严格准确而成为标准参考书, 并且是第二次世界大战后的数学文献中被人引用次数最多的书籍之一. 布尔巴基学派的思想及写作风格成为青年人仿效的对象, 很快地, "布尔巴基的" 便成了一个专门的名字, 风靡了欧美数学界. 比如说, 众所周知, 在一门科学成熟之前, 名词的运用是非常混乱的, 各人自用一套, 而每人又有一批追随者沿袭他的用法, 这就造成了互相理解的困难. 凭着布尔巴基学派的各位大师的威望, 许多数学名词, 尤其是拓扑学及泛函分析的新词, 都以布尔巴基为准. 正是布尔巴基学派的《数学原理》使第二次世界大战以后的数学名词得到了空前的统一. 随着名词的统一, 使数学符号也统一起来了. 数学文献中最常用的自然数集合、整数集合、有理数集合、实数集合、复数集合, 都按布尔巴基学派的用法分别用 N, Z, Q, R, C 来表示. 使布尔巴基学派更为出名的是, 他的许多成员在第二次世界大战前后的工作开始为大家所知, 尤其是代数数论、代数几何学、李群、泛函分析等方面的成就. 这使得布尔巴基学派的活动更加引人注目了. 可以说, 20 世纪 60 年代中期, 布尔巴基学派的声望达到了顶峰. 布尔巴基讨论班的议题无疑都是当时数学的最新成就. 在国际数学界, 布尔巴基学派的几位成员都有着重要的影响, 连他们的一般报告和著作都引起很多人注意.

在 20 世纪的数学发展过程中, 布尔巴基学派起着承前启后的作用. 他们把人类长期积累起来的数学知识按照数学结构整理成一个井井有条而博大精深的体系. 他们的《数学原理》成为一部新的经典著作, 还是许多研究工作的出发点与参考指南. 这个体系连同他们对数学的贡献, 已经无可争辩地成为当代数学的一个重要组成部分, 并成为蓬勃发展的数学科学的主流.

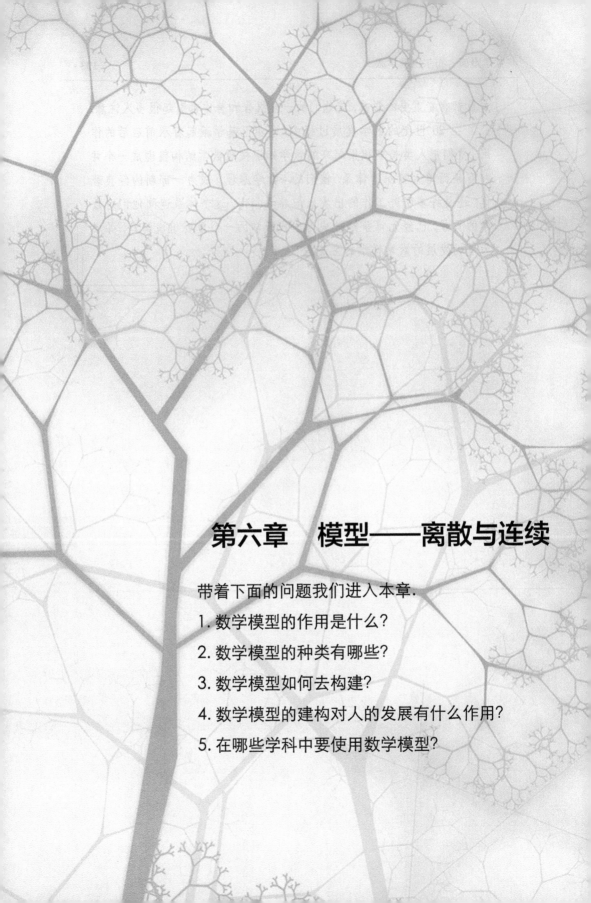

第六章　模型——离散与连续

带着下面的问题我们进入本章.

1. 数学模型的作用是什么?

2. 数学模型的种类有哪些?

3. 数学模型如何去构建?

4. 数学模型的建构对人的发展有什么作用?

5. 在哪些学科中要使用数学模型?

6.1 数学模型与数学建模

数学模型搭建了数学与外部世界的桥梁, 是数学应用的重要形式. 数学建模是应用数学解决实际问题的基本手段, 也是推动数学发展与科学发展的动力.

数学模型在数学与科学的发展中已有很长的历史. 公元前 3 世纪, 欧几里得建立的欧氏几何学, 就是对现实世界的空间形式所提出的一个数学模型. 这个模型刻画了平面上点、线、面之间的位置关系. 这个模型十分有效, 后来虽然有各种重要的发展, 但仍一直传承至今, 被人们广泛地使用. 可以说, 欧几里得的几何学, 对于人类智慧的发展、对于推动科学的进步都起到了重要的作用.

在物理学中有一个有重大影响的伽利略运动理论. 伽利略是一位杰出的科学家, 他对亚里士多德的运动理论进行检验与批判, 成为经典力学的先驱, 是近代实验物理的奠基人. 伽利略抛弃了亚里士多德把运动分为自然运动和强迫运动的观点, 采用数学方法来定量地分析运动, 对位置、距离和时间的概念给予准确的数学表达式, 利用笛卡儿的坐标系定量地描述运动, 认为应该依据运动的基本量——速度对运动进行分类, 由此把运动分为匀速运动与变速运动两种, 并引进了加速度的概念. 在比萨大学任教期间, 伽利略开始研究自由落体运动. 他首先从一个思想实验入手, 对亚里士多德的落体学说进行了反驳. 他提出如果亚里士多德的学说是正确的, 即物体下落的速度与其重量成正比, 重物下落速度比轻物快, 那么就可以设计一个简单的实验: 把两个轻重不同的物体链接在一起使它们自由落下. 此时下落的速度会如何呢? 如果看成是两个物体, 它们下落的速度应该介于两个没连接时下落物体速度的中间. 如果看成是一个物体, 它应该比没连接的重的物体下落速度还要快. 从而在逻辑上说明亚里士多德的学说是错误的. 即只能假定重物下落的速度与重量无关, 才能消除这个矛盾. 他进一步通过著名的斜塔实验, 发现了物体的自由落体运动表达式为

$$S = \frac{1}{2}gt^2.$$

自 18 世纪以来, 牛顿 (I. Newton, 1643—1727) 已成为整个近代科学革命的象征, 可以说, 牛顿在总体上推动了近代科学的发展. 1687 年, 牛顿出版了《自然哲学的数学原理》(以下简称《原理》) 一书, 这部著作成为一部划时代的巨著而载入史册. 牛顿在《原理》一书中提出了力学的三大定律和万有引力公式, 对宏观的物体的运动给出了精确描述. 特别是对第二定律和万有引力用数学表达式给出了精确的表达:

$$F = ma,$$

$$F = G\frac{Mm}{r^2}.$$

这些简单的数学模型, 推动了自然科学的发展. 例如, 牛顿利用万有引力公式, 证明了开普勒三定律, 从而形成了天体物理学的基础, 他把地面上物体的运动与太阳系内行星的运动统一在相同的物理定律中, 从而完成了人类文明史上, 第一次自然科学的大综合. 他不仅标志着 16—17 世纪科学革命的顶点, 也是人类文明进步划时代的象征.

牛顿力学是自然科学的基石. 但是随着时间的推移, 人们又遇到了解释不了的问题. 在牛顿的力学中, 时间是个绝对的概念. 但在爱因斯坦 (A. Einstein, 1879—1955) 讨论的问题中, 却遇到了问题. 1895 年, 爱因斯坦读到了洛伦兹的论文时, 对洛伦兹方程产生了兴趣. 他很欣赏洛伦兹方程不仅适用于真空中的参照系, 而且也适用于运动物体的参照系. 他试图用洛伦兹方程讨论斐索的流水光学实验时, 发现要保持这些方程对运动物体参照系同样有效, 必然导致光速不变的结论, 而光速的不变性明显地与力学的速度合成法则相矛盾.

经过 10 年的研究, 1905 年爱因斯坦发表了论文《论运动物体的电动力学》. 在这篇论文中, 爱因斯坦把相对性原理和光速不变原理作为基本出发点, 称之为两条公设. 他以这两条公设为出发点, 推导出时空变化关系:

$$\begin{cases} x' = \dfrac{x - vt}{\sqrt{1 - \dfrac{v^2}{c^2}}}, \\ y' = y, \\ z' = z, \\ t' = \dfrac{t - \dfrac{v}{c^2}x}{\sqrt{1 - \dfrac{v^2}{c^2}}}, \end{cases}$$

并立即导出了运动物体 "长度收缩"、运动时间的 "时钟变慢"、同时性的相对性以及新的速度合成法则. 由此形成了新的时空观.

综上讨论, 物理学的每一次重大进步, 都以建立一个新的数学模型为标志. 正如伽利略所说: "大自然这本书是使用数学语言写成的."

数学模型的建构过程被称为数学建模. 这个过程就是要对实际问题进行数学抽象, 用数学语言表达实际问题, 用数学知识与方法构建模型解决实际问题. 建模过程主要包括: 在实际情境中从数学的视角发现问题, 提出问题, 分析问题, 建立模型, 求解结论, 验证结果并改进模型, 最终解决实际问题.

评论 1　数学模型只是实际问题在数学上的近似描述, 绝对的精确是不可能的. 一方面, 我们对事物的认识可能有不准确之处, 因此对它的数学描述是不精确的. 即使我们建立了一个精确的数学模型, 由于我们解决问题能力的限制, 我们常常也要对模型进行简单化处理. 例如, 一些事物的运动是非线性的, 由于我们解决非线性问题能力的不足, 我们就对其线性化处理.

复杂问题简单化处理, 是一个重要的思想方法.

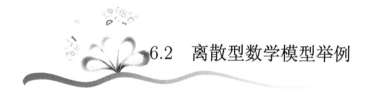

6.2　离散型数学模型举例

现实中的问题是复杂的, 有的问题会满足一定的物理机理, 有的问题我们还不知道它的物理机理 (有的可能就没有物理机理). 有的问题会有一定的数学规律, 有的问题就没有数学规律. 无论哪种问题, 我们都要用一个数学模型来近似描述它. 我们讨论如下的两个例子. 例 1 的鞋号问题满足一定的数学规律, 例 2 的经济预测问题不满足一定的数学规律, 我们要寻找一个近似的数学规律.

例 1 (鞋号问题)　网上购鞋常常看到下面的表格 (表 6.2.1).

表 6.2.1　脚长与鞋号对应表

脚长 a_n/mm	220	225	230	235	240	245	250	255	260	265
鞋号 b_n	34	35	36	37	38	39	40	41	42	43

请解决下面的问题.

(1) 找出满足表 2.1 中对应规律的计算公式, 通过实际脚长 a 计算出鞋号 b.

(2) 根据计算公式, 计算 30 号童鞋所对应的脚长是多少?

(3) 如果一个篮球运动员的脚长为 282mm, 根据计算公式, 他该穿多大号的鞋?

模型建立　(1) 可以把表中的两行数据看成两个数列, 分别为 $\{a_n\}$ 和 $\{b_n\}$. 仔细观察可以知道, 这两个数列分别满足下面的递推关系:

$$a_{n+1} = a_n + 5, \quad a_1 = 220;$$

$$b_{n+1} = b_n + 1, \quad b_1 = 34.$$

由此得到 $a_n = 215 + 5n$ 和 $b_n = 33 + n$, 于是有 $b_n = 0.2a_n - 10$.

进一步, 将脚长和对应的鞋号记作 (a, b), 在平面直角坐标系中描点, 观察到线性关系, 然后建立关系式

$$b = 0.2a - 10.$$

(2) 令 $b = 30$, 代入公式 $b = 0.2a - 10$, 得 $a = 200$, 脚的长度为 200mm.

(3) 当 $a = 282$ 时, 代入公式 $b = 0.2a - 10$, 得 $b = 46.4$. 分两种情况: 如果简单地进行 "4 舍 5 入", 选 46 号鞋或者直接选 46.4 号鞋, 依然可以认为达到数学建模素养水平二的要求. 如果知道作出的结论要符合实际, 提出穿鞋要 "不挤脚", 因此选 47 号鞋.

例 2 (经济预测模型)　在一些现实问题中, 往往要用试验或调查得到的数据, 建立各个量之间的变化关系. 通常我们根据给出的数据资料, 描绘出这些散点图来. 根据散点图的几何特征, 寻找一条直线或曲线, 使它们尽量与这些散点图吻合, 从而近似地认为这条直线或曲线反映变量之间的内在规律, 进而帮助人们进行预算和预测.

表 6.2.2 给出了 1988 年 8 个工业国的名义利率 Y 和通货膨胀率 X 的数据.

表 6.2.2

国家	$Y/\%$	$X/\%$	国家	$Y/\%$	$X/\%$
澳大利亚	11.9	7.7	意大利	11.3	4.8
加拿大	9.4	4.0	瑞典	2.2	2.0
法国	7.5	3.1	英国	10.3	6.8
德国	4.0	1.6	美国	7.6	4.4

试利用表中数据建立通货膨胀率 x 与名义利率 y 之间的关系.

问题分析 首先, 要确定 $y = f(x)$ 的类型, 在直角坐标系上取 x 为横坐标, 取 y 为纵坐标, 描出上述各对数据的对应点, 如图 6.2.1 所示.

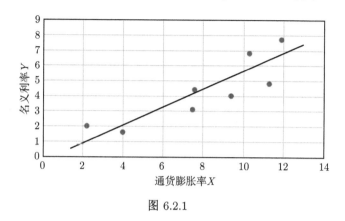

图 6.2.1

从图 6.2.1 可以看出, 这些点的连线大致接近于一条直线. 于是, 我们就可以设函数

$$f(x) = ax + b,$$

其中, a 和 b 是待定常数.

常数 a 和 b 如何确定呢?

模型建立 最理想的情形是选取这样的 a 和 b, 能使直线 $y = ax + b$ 经过图上每个点. 但是实际上是不可能的. 因为这些点根本不在一条直线上. 因此, 我们只能要求选取这样的 a 和 b, 使得 $f(x) = ax + b$ 在 $x_1, x_2, \cdots, x_8$ 处的函数值与实验数据 $y_1, y_2, \cdots, y_8$ 相差都很小. 就是要使偏差

$$y_i - f(x_i), \quad i = 1, 2, \cdots, 8$$

都很小. 那么如何达到这一要求呢?

因为偏差有正有负, 可对偏差取绝对值再求和. 我们知道, 任何实数的平方都是非负数. 所以为了讨论方便, 只需考虑选取 a 和 b 使

$$M_{(a,b)} = \sum_{i=1}^{8} [y_i - (ax_i + b)]^2$$

最小.

　　下面我们来求函数 $M_{(a,b)}$ 在哪点处取得最小值?

　　由函数极值存在的必要条件, 令

$$M_a'(a,b) = 2\sum_{i=1}^{8} x_i(ax_i + b - y_i) = 0,$$

$$M_b'(a,b) = 2\sum_{i=1}^{8} (ax_i + b - y_i) = 0.$$

解此方程组, 可以得到

$$a = \frac{\displaystyle\sum_{i=1}^{8} x_i y_i - \left(\sum_{i=1}^{8} x_i\right)\left(\sum_{i=1}^{8} y_i\right)}{\left(\displaystyle\sum_{i=1}^{8} x_i^2\right) - \left(\displaystyle\sum_{i=1}^{8} x_i\right)^2},$$

$$b = \frac{\left(\displaystyle\sum_{i=1}^{8} y_i\right)\left(\sum_{i=1}^{8} x_i^2\right) - \left(\sum_{i=1}^{8} x_i\right)\left(\sum_{i=1}^{8} x_i y_i\right)}{\left(\displaystyle\sum_{i=1}^{8} x_i^2\right) - \left(\displaystyle\sum_{i=1}^{8} x_i\right)^2}.$$

将上述数据分别代入上式, 利用计算器计算得到如表 6.2.3 所示的数据.

表 6.2.3

国家	$Y/\%$	$X/\%$	$x_i y_i$	x_i^2
澳大利亚	11.9	7.7	91.63	59.29
加拿大	9.4	4	37.6	16
法国	7.5	3.1	23.25	9.61
德国	4	1.6	6.4	2.56
意大利	11.3	4.8	54.24	23.04
瑞典	2.2	2	4.4	4
英国	10.3	6.8	70.04	46.24
美国	7.6	4.4	33.44	19.36
$\sum\limits_{i}$	64.2	34.4	321	180.1

代入公式得

$$a = 1.397, \quad b = 2.02.$$

所以, 名义利率 y 与通货膨胀率 x 的关系是

$$y = 1.397x + 2.02.$$

实际上, 上面建立线性关系的方法就是人们常用的最小二乘法.

评论 1 例 2 给出的问题是现实的问题, 而且是没有物理机理的问题. 现实的没有物理机理的问题不是人造的问题, 因此它很难满足一定的数学规律. 数学的作用正是能够用一个近似的模型描述现实的问题, 使得在一定的近似范围内, 刻画实际问题的发展变化.

6.3 连续型数学模型举例

在一类现实问题中, 其物理量按照一定的物理机理发生变化, 我们用一个时间 t 的函数描述该物理量. 这个物理量是一个时间 t 的连续函数. 我们就是要刻画出该连续函数满足的一些关系.

例 1 (连续计息存款问题) 将本金 a 存入银行, 银行每年支付 $p\%$ 的利息, 然后每年将利息计入存款, 并按增加了的存款计算利息. 求过 t 年后的存款总额.

问题分析 在银行存满一年存款总额增加 $\dfrac{p}{100}$, 特别地, 经过一年, 存款为

$$a + \frac{p}{100}a = a(1 + p\%),$$

第二年初按 $a(1 + p\%)$ 来计算本金, 经过两年, 存款为

$$a(1 + p\%) + a(1 + p\%)p\% = a(1 + p\%)^2.$$

如此类推, 经过 n 年后的存款为 $A(n)$, 则

$$A(n) = a(1 + p\%)^n.$$

模型建立 此问题可进一步深入讨论. 因为要存款满一年方可计算利息不尽合理, 故应考虑下面的 "连续计息" 问题.

假定本金 a 按每年 $p\%$ 计算利息, 但每过一年的 $\frac{1}{n}$ 就计息一次. 若每年的利息为 $ap\%$, 那么经过 $\frac{1}{n}$ 年, 利息为 $a \cdot p\% \frac{1}{n}$, 而本利之和为 $a\left(1 + p\% \frac{1}{n}\right)$. 第二期末存款是 $a\left(1 + p\% \cdot \frac{1}{n}\right)^2$. 按照这样来计算利息, 经过一年后存款为

$$a\left(1 + p\% \cdot \frac{1}{n}\right)^n.$$

经过 t 年后, 存款为 $A_n(t)$, 则

$$A_n(t) = a\left(1 + p\% \cdot \frac{1}{n}\right)^{nt}.$$

显然, 计算利息的时间间隔越小越合理, 我们假定计息时间间隔 $\frac{1}{n}$ 趋于零, 即 $n \to \infty$, $A_n(t) \to A(t)$, 则

$$A(t) = \lim_{n \to \infty} A_n(t) = a\left[\lim_{n \to \infty}\left(1 + \frac{p}{100} \cdot \frac{1}{n}\right)^n\right]^t$$

$$= ae^{\frac{p}{100}t}.$$

扩展讨论　我们对 $A(t) = ae^{\frac{p}{100}t}$ 两端关于 t 求导, 得

$$A'(t) = a \cdot \frac{p}{100}e^{\frac{p}{100}t} = \frac{p}{100}A(t). \tag{1}$$

注 1　方程 (1) 不仅描述了连续利息的存款变化规律, 而且在一定条件下, 它也描述了种群总量的变化规律.

对于一阶常系数线性微分方程

$$\begin{cases} y'(t) = ay(t), \\ y(0) = y_0, \end{cases}$$

其基本解是 $e^{\lambda t}$, 将其代入方程中, 即可得 $y(t) = y_0 e^{at}$.

例 2　生物统计学告诉我们, 某种生物在 t 时刻的总量 $N(t)$ 变化规律为 (布朗, 1980)

$$N'(t) = aN(t) - bN^2(t). \tag{2}$$

可以证明, 当 t 趋于无穷大时, $N(t)$ 趋于 $K = \frac{a}{b}$, 这个极限值可以看作为生活环境所能维持的这种生物的最大总量. 通过 K, (2) 可写成

$$N'(t) = aN\left(1 - \frac{b}{a}N\right) = aN\left(\frac{K - N}{K}\right). \tag{3}$$

若 N 远远地小于 K, 则 $\dfrac{K-N}{K}$ 近似为 1, 则 (3) 可化为

$$N'(t) = aN(t), \tag{4}$$

aN 一项称为该物种的 "生物潜能". 它是在理想条件下的生物的潜在增长率. 如果在食物和生活空间方面不受限制, 这个增长率就会实现.

参数方程模型　在研究质点在一平面上运动的问题中, 质点的位置必然与时间有关系, 即 $(x = f(t), y = g(t))$ 表达了质点在 t 时刻的几何位置. 这类实际问题中的参变量 t, 被抽象到数学中, 就成了参数. 参数沟通了变量 x, y 及一些常量之间的联系, 为研究曲线的形状和性质提供方便.

例 3 (抛射体运动)　铅球运动员投掷铅球, 在出手的一刹那, 铅球的速度为 v_0m/s、与地面成 α 角, 如何来刻画铅球的运动轨迹呢?

模型的建立　我们知道, 在不计空气阻力时, 铅球的运动轨迹是抛物线. 建立直角坐标系 (图 6.3.1), 设抛物线上点的坐标是 (x, y), 在初始速度以及它与地面夹角一定的情况下, x 和 y 随时间的变化而取不同的值.

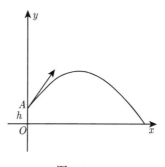

图 6.3.1

设铅球从坐标轴 y 上点 A 处向上斜抛, 初速度为 v_0(m/s), 与 x 轴的夹角是 α, 空气阻力不计, 设 t 秒后铅球所在位置为 $P(x, y)$, 由物理知识可知, 铅球沿 x 轴方向的运动是以 $v_0 \cos\alpha$(m/s) 为初速度的匀速直线运动, 沿 y 轴方向的运动是以 $v_0 \sin\alpha$(m/s) 为初速度的竖直上抛运动.

按照匀速直线运动和竖直上抛运动的位移公式, 得

$$\begin{cases} x = v_0 t \cdot \cos\alpha, \\ y = h + v_0 t \cdot \sin\alpha - \dfrac{1}{2}gt^2, \end{cases} \tag{5}$$

其中 g 是重力加速度, h 是运动员出手时铅球的高度, 这里, v_0, α 和 g 都是常数. 当 t 取某一个允许值时, 由方程组 (5) 就可以确定铅球的位置. 这就是说, 当 t 确定时, 点 $P(x, y)$ 的位置也就随着确定了. 这样建立 t 与 x, y 之间的关系不仅方便, 而且清晰地反映了变数的实际意义.

扩展讨论　在地面上以 $400\mathrm{m/s}$ 的初速度和 $60°$ 的抛射角发射一个抛射体, 求发射 $10\mathrm{s}$ 后抛射体的位置.

解　由 $v = 400\mathrm{m/s}, \alpha = \dfrac{\pi}{3}, t = 10$, 则

$$x(10) = \left(400\cos\frac{\pi}{3}\right) \times 10 = 2000,$$

$$y(10) = \left(400\sin\frac{\pi}{3}\right) \times 10 - \frac{1}{2} \times 9.8 \times 10^2 \approx 2974.$$

即发射 $10\mathrm{s}$ 后抛射体离开发射点的水平距离为 $2000\mathrm{m}$, 在空中的高度为 $2974\mathrm{m}$.

虽然由参数方程确定的运动轨迹能够解决理想抛射体的大部分问题. 但是有时我们还需要知道关于它的飞行时间、射程 (即从发射点到水平地面的碰撞点的距离) 和最大高度.

由抛射体在时刻 $t \geqslant 0$ 的竖直位置解出 t

$$t\left(v\sin\alpha - \frac{1}{2}gt\right) = 0, \quad t = 0 \text{ 或 } t = \frac{2v\sin\alpha}{g}.$$

因为抛射体在时刻 $t = 0$ 发射, 故 $t = \dfrac{2v\sin\alpha}{g}$ 必然是抛射体碰到地面的时刻. 此时抛射体飞行的水平距离, 即射程为

$$x(t)|_{t=\frac{2v\sin\alpha}{g}} = (v\cos\alpha)t|_{t=\frac{2v\sin\alpha}{g}} = \frac{v^2}{g}\sin 2\alpha.$$

当 $\sin 2\alpha = 1$ 时, 即 $\alpha = \dfrac{\pi}{4}$ 时射程最大.

抛射体在它的竖直速度为零时, 即

$$y'(t) = v\sin\alpha - gt = 0,$$

从而 $t = \dfrac{v\sin a}{g}$ 时达到最大高度.

$$y(t)|_{t=\frac{v\sin\alpha}{g}} = (v\sin\alpha)\left(\frac{v\sin\alpha}{g}\right) - \frac{1}{2}g\left(\frac{v\sin\alpha}{g}\right)^2 = \frac{(v\sin\alpha)^2}{2g}.$$

根据以上分析, 不难求得题中的抛射体的飞行时间、射程和最大高度.

飞行时间

$$t = \frac{2v \sin \alpha}{g} = \frac{2 \times 400}{9.8} \sin \frac{\pi}{3} \approx 70.70(\text{s}),$$

射程

$$x_{\max} = \frac{v^2}{g} \sin 2\alpha = \frac{400^2}{9.8} \sin \frac{2\pi}{3} \approx 14139(\text{m}),$$

最大高度

$$y(t)_{\max} = \frac{(v \sin \alpha)^2}{2g} = \frac{\left(400 \sin \dfrac{\pi}{3}\right)^2}{2 \times 9.8} \approx 6122(\text{m}).$$

参考文献

布朗 M. 1980. 微分方程及其应用. 张鸿林, 译. 北京: 人民教育出版社.

程树铭. 2013. 逻辑学. 修订版. 北京: 科学出版社.

邓生庆, 任小明. 2006. 归纳逻辑百年历程. 北京: 中央编译出版社.

高夯. 2010. 现代数学与中学数学. 2 版. 北京: 北京师范大学出版社.

胡作玄. 2008. 数学是什么? 北京: 北京大学出版社.

柯朗 R, 罗宾 H. 2006. 什么是数学. 左平, 张饴慈, 译. 上海: 复旦大学出版社.

李大潜. 2008. 中国大学生数学建模竞赛. 3 版. 北京: 高等教育出版社.

罗素. 1982. 数理哲学导论. 晏成书, 译. 北京: 商务印书馆.

沙振舜, 钟伟. 2015. 简明物理学史. 2 版. 南京: 南京大学出版社.

寿望斗. 1979. 逻辑与数学教学. 北京: 科学出版社.

严子谦, 尹景学, 张然. 2004. 数学分析. 北京: 高等教育出版社.

张思明. 2018. 从课程标准到课堂教学: 中学数学建模与探究. 北京: 高等教育出版社.

中国社会科学院语言研究所词典编辑室. 1998. 现代汉语词典 (修订本), 北京: 商务印书馆.